《宁夏生态立区战略研究》
编委会

主　　任　张　廉

副 主 任　段庆林

编　　委　（以姓氏笔画为序）

史振亚　刘天明　米文宝　汪一鸣

张　廉　郑彦卿　段庆林

执行主编　段庆林

编　　务　马　娟

STUDY ON

NINGXIA'S

ECOLOGICAL-BASED

DEVELOPMENT STRATEGY

宁夏生态立区战略研究

宁夏社会科学院 编

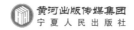
黄河出版传媒集团
宁夏人民出版社

图书在版编目（CIP）数据

宁夏生态立区战略研究 / 宁夏社会科学院编. — 银川：
宁夏人民出版社,2017.12
（宁夏智库丛书）
ISBN 978-7-227-06850-1

Ⅰ.①宁… Ⅱ.①宁… Ⅲ.①生态环境建设—研究—
宁夏 Ⅳ.①X321.243

中国版本图书馆 CIP 数据核字（2017）第 330305 号

宁夏智库丛书
宁夏生态立区战略研究
宁夏社会科学院　编

责任编辑　王　艳
责任校对　李彦斌
封面设计　张　宁
责任印制　肖　艳

 黄河出版传媒集团
宁夏人民出版社　出版发行

出　版　人　王杨宝
地　　　址　宁夏银川市北京东路 139 号出版大厦（750001）
网　　　址　http://www.nxpph.com　　　　http://www.yrpubm.com
网上书店　http://shop126547358.taobao.com　http://www.hh-book.com
电子信箱　nxrmcbs@126.com　　　　renminshe@yrpubm.com
邮购电话　0951-5019391　5052104
经　　　销　全国新华书店
印刷装订　宁夏精捷彩色印务有限公司
印刷委托书号　（宁）0008220

开本　880 mm×1230 mm　　1/16
印张　15　　　字数　220 千字
版次　2018 年 1 月第 1 版
印次　2018 年 1 月第 1 次印刷
书号　ISBN 978-7-227-06850-1
定价　46.00 元

总　论

张　廉

党的十九大作出了中国特色社会主义进入新时代的重大判断。新时代，标明我国发展新的历史方位。新时代，带来发展新要求、新课题，赋予我们更加艰巨的历史使命。同时，新时代要求我们必须焕发新状态，勇于担当作为，不断创造新业绩，交出发展新答卷，开启发展新征程。

习近平总书记视察宁夏时发出"走好新的长征路"和"社会主义是干出来的"号召，自治区第十二次党代会明确提出努力"实现经济繁荣、民族团结、环境优美、人民富裕，与全国同步建成全面小康社会"的奋斗目标，这既是学习贯彻习近平总书记来宁视察重要讲话精神的具体体现，也是宁夏各族人民的共同意愿。实现新的奋斗目标，必须大力实施"三大战略"，提升发展层次和水平；努力做到"五个扎实推进"，推进全面协调发展；始终保持"振奋精神、实干兴宁"的精神状态和责任担当。以等不起的危机感、慢不得的紧迫感、坐不住的责任感，拿出人一之我十之、人十之我百之的干劲和抓铁有痕、踏石留印的劲头，干在实处、干出实效、干出实绩，确保圆满完成自治区第十二次党代会确定的各项目标任务。

大力实施"三大战略"，提升发展层次和水平。党代会报告提出的实施创新驱动战略、脱贫富民战略、生态立区战略，是破解宁夏发展难题、全面建成小康社会的发力点和突破口，对全局工作具有牵一发而动全身的作用，要把"三大战略"作为一个有机统一的整体，系统把握、统筹推进。

党的十九大报告将创新驱动发展战略确定为我国未来发展的七大战略之一，对宁夏具有很强的针对性和指导性。我们要充分认识欠发达地区创新驱动发展的重要性和紧迫性，按照十九大的部署要求，把实施创新驱动战略作为"三大战略"的第一大战略，把宁夏发展的基点放在创新上，紧紧牵住科技创新这个"牛鼻子"，着力形成以创新为引领的经济体系和发展方式。坚持用创新的思维抓创新，推进思路创新、政策创新、机制创新、环境创新，打造风生水起的创新生态，坚定不移走开放创新之路、特色创新之路，通过创新资源、创新成果合作共享、创新成果转化等方式，不断提升宁夏创新发展水平，"让宁夏成为创新发展新路的探索者，让创新成为宁夏发展最鲜明的时代特征"。

"人民对美好生活的向往，就是我们的奋斗目标。"党的十九大报告指出："为什么人的问题，是检验一个政党、一个政权性质的试金石。""必须始终把人民利益摆在至高无上的地位，让改革发展成果更多更公平惠及全体人民，朝着实现全体人民共同富裕不断迈进。"我们发展的最终目的是造福人民，全面建成小康社会最直接的体现是人民富裕。全面小康，是惠及全体人民的小康，是要让人民群众过上更加殷实的生活，享受公平充足的公共服务供给、更可靠的社会保障。自治区第十二次党代会报告明确提出，要"大力实施脱贫富民战略，增强人民群众的获得感和幸福感"。这充分体现了自治区党委贯彻以人民为中心的发展思想，把增进人民福祉、实现人民幸福作为发展的出发点和落脚点的决心。实施脱贫富民战略，这是今后五年我们工作的价值取向和工作导向。要坚决打赢脱贫攻坚战，实施富民工程，加快推进公共服务均等化，实实在在提高人民群众的富裕程度和生活质量，让经济发展成果更多转化为富民成果。

党的十九大报告指出："人与自然是生命共同体，人类必须尊重自然、顺应自然、保护自然。"宁夏生态环境依然脆弱，资源环境约束趋紧，环境保护任务艰巨。实施生态立区战略，必须深入推进绿色发展，牢固树立绿色发展理念，像保护眼睛一样保护生态环境，像对待生命一样对待生态环境，坚决摒弃损害甚至破坏生态环境的发展模式，坚决摒弃以牺牲生态环境换取一时一地经济增长的做法。把山水林田湖草作为一个生命共同体，统筹实施一体化生态保护和修复，全面提升自然生态系统稳定性和生态服务功能。打造沿黄生态经济带，构筑西北生态安全屏障，铁腕整治环境污染，完善生态文明制度体系，承担起维护西北乃至全国生态安全的重要使命，让宁夏的天更蓝、地更绿、水更美、空气更清新。

努力做到"五个扎实推进"，推进全面协调发展。党代会报告提出的"五个扎实推进"，是实现与全国同步建成全面小康社会奋斗目标的重要任务和重要支撑。

要扎实推进民主法治建设，加快依法治区进程，在创新社会治理、加强平安宁夏建设上下功夫，"让法治成为宁夏未来发展核心竞争力的重要标志"。全面推进依法治区，建设法治宁夏是充分发挥法治引领、规范和保障作用，推动宁夏各项事业发展的必然要求。实践证明，法治的完善不仅是一个区域获得稳步发展的有效保障和必要手段，更是区域整体发展必不可少的组成部分和竞争力之来源。法治宁夏的建设必将使法治真正进入千家万户，内化于民众的日常生活，使人们尊崇法治、人人依循规则、个个讲究诚信成为一种行为习惯、一种素质养成、一种文化氛围，让法治思维和法治方式成为宁夏人生活方式的重要内容。

要扎实推进民族宗教工作，始终高举民族团结旗帜，坚定不移走中国特色解决民族问题的正确道路，坚持民族区域自治制度，巩固和发展民族团结的大好局面；深入开展民族团结进步宣传教育，继承和发扬民族团结优秀历史文化传统，唱响"中华民族一家亲、同心共筑中国梦"的时代主旋律，积极培育中华民族共同体意识，使"三个离不开""五个认同"思想深深扎根于各族群众心中；积极促进各民族交往交流交融，广泛建立相互嵌入式的社会结构和社区环境，创造各族群众共居、共学、共事、共乐的良好氛围；深化民族团结进步创建活动，打造全国民族团结进步示范区，让民族团结之花开遍宁夏大地，推动民族团结及宗教工作走在全国前列，让民族团结、宗教和顺的名片更加亮丽。

要扎实推进文化繁荣发展，构筑共有精神家园。"文化是民族的血脉，是凝聚人心的精神纽带。"要坚定文化自信、增强文化自觉、促进文化繁荣发展。深入开展中国特色社会主义和中国梦宣传教育，大力弘扬民族精神和时代精神，用社会主义核心价值观引领社会思潮、凝聚社会共识。要牢牢把握正确的政治方向、舆论导向和价值取向，弘扬主旋律、传播正能量，及时解疑释惑、疏导情绪、增进共识，讲好宁夏故事、传播宁夏声音、展示宁夏形象。深入推进文化惠民工程，加快基层公共文化服务体系标准化、均等化建设。大力推进文艺创作，激发文化发展活力，创作和生产更多关注国家命运、反映人民心声、书写时代精神、满足人民群众多层次文化需求的文艺精品。

要扎实推进改革开放，推进全面深化改革取得新突破，推进全方位多层次对外开放，增强发展动力、激发发展活力。要紧密结合宁夏实际，以国家赋予的各项改革试点任务为引领，推动重点领域和关键环节各项改革取得更多实质性成效；以经济体制改革为重点，处理好政府与市场的关系，用行政权力的减法换取市场活力的加法；大力推进"放管服"改革，大力推广"互联网＋政务"。要主动融入和服务国家发展战略，积极参与"一带一路"建设，构建对外开放新格局。充分发挥中阿博览会的平台作用，用好内陆开放型经济试验区先行先试的政策优势，走出去和引进来相结合，大胆试验、大胆探索，全面提升开放水平，努力打造更具活力的体制机制，拓展更加广阔的发展空间。

要扎实推进全面从严治党，自觉担当起全面从严治党的政治责任。党的十九大报告指出："中国特色社会主义进入新时代，我们党一定要有新气象新作为。打铁必须自身硬。党要团结带领人民进行伟大斗争、推进伟大事业、实现伟大梦想，必须毫不动摇坚持和完善党的领导，毫不动摇把党建设得更加坚强有力。"全区各级党组织要按照党的十九大和习近平总书记视察宁夏时提出的"着力巩固和发展党的执政基础"的要求，按照自治区党委的部署，在"五个提高水平"上狠下功夫。要提高思想政治建设水平，加强理想信念教育，加强理论武装，加强意识形态工作，加强党内政治文化建设；提高党内政治生活水平，严格执行民主集中制，严格党的组织生活，加强党内法规制度建设，严格党内监督；提高各级领导班子和领导干部的素质及能力，树立正确用人导向，选优配强各级领导班子，强化干部教育管理；提高基层党组织建设水平，加强组织建设、基层保障、党员管理；认真履行"两个责任"，把党风廉政建设和反腐败斗争引向深入。着力营造风清气正的政治生态，为全面建成小康社会提供坚强保证。

始终保持"振奋精神、实干兴宁"的精神状态和责任担当。精神状态是境界、能力、作风、素质和责任的综合体现，只有保持良好的精神状态，才能形成攻坚克难、战胜困难的力量源泉和精神动力，才能在困难和挑战面前，主动进取，奋力拼搏，这也是新时代对我们的基本要求。

振奋精神、实干兴宁，必须坚定信心、持之以恒。在实现新的奋斗目标的进程中，不可能一蹴而就、一帆风顺，必然会碰到各种困难和挑战，这就要求我们必须坚定信心、下定决心、保持恒心，以更大的政治勇气和智慧、更有力的措施和办法，全力攻坚克难，在克服困难中赢得主动，在解决矛盾中实现转机。要紧紧围绕既定目标，一刻也不懈怠、一刻也不停顿、一刻也不放松，脚踏实地、真抓实干，切实把责任记在心头、把担子扛在肩上、把工作抓在手上。在干事创业中始终保持一种咬定青山不放松、不达目的不罢休的劲头。要不断强化自治区党委、政府决策部署的执行力和落实力，切实强化"一盘棋"的大局意识，把本单位、本部门、本系统、本行业的工作放在自治区经济社会发展的大局中来认识、来把握、来部署、来落实。用豪情和毅力促进发展，用行动和实干实现理想。

振奋精神、实干兴宁，必须真抓实干、担当尽责。振奋精神、实干兴宁，始于作风，源于担当，贵在尽责，重在落实。实现新的奋斗目标，必须苦干实干加巧干。"苦干"意味着要"苦"字当头，不畏艰难，也意味着要下更大的决心和付出更多的努力。作为一种精神状态，苦干必须始终保持知难而进、迎难而上、锲而不舍的韧劲，保持顽强拼搏、勇往直前、奋发图强的拼劲，敢于硬碰硬，敢于啃硬骨头，在攻坚克难中不断破解改革中的难题、闯出发展的新路。"实干"是工作态度的反映，实干必须脚踏实地、心无旁骛地把心思集中在想干事上，把责任体现在敢干事上，把才气展现在会干事上，把目标落实到干成事上。注重一切从实际出发，察实情、讲实话、办实事、求实效，以扎实过硬的作风，确保各项目标任务落到实处，取得实绩。"巧干"是工作能力的具体体现，巧干就是要求我们办事不盲从、不机械，坚持统筹兼顾，深谋远虑，在自觉按客观规律办事的基础上，用新眼光观察问题，从新角度提出问题，用新思路分析问题，用新方法解决问题。要通过苦干实干加巧干，扎扎实实作出增强竞争力的大事、增进百姓福祉的业绩，确保自治区第十二次党代会确定的目标任务落到实处。

振奋精神、实干兴宁，必须奋发有为、满怀激情。宁夏要与全国同步建成全面小康社会，靠的是综合实力，赢的是精神状态。习近平总书记视察宁夏时强调："推进中国特色社会主义事业的新长征要持续接力、长期进行，我们每代人都要走好自己的长征路。"当前，新一轮科技革命、产业变革和我国加快转变经济发展方式、全面推进"一带一路"建设为宁夏发展带来了新的历史性机遇，同时也面临着在创新发展大潮中与东部发达地区发展差距进一步拉大的严峻挑战，面临着发展不足与生态脆弱的双重压力，面临着扩大总量与提升质量的双重任务，面临着培育竞争优势与补齐发展短板的双重难题。这就要求我们必须始终保持奋发有为的干事激情，大力弘扬"不到长城非好汉"的精神，走好新的长征路，不管前进的路途有多少艰难险阻，都要敢于闯关夺隘、攻城拔寨，敢于排除万难、夺取胜利，以"革命理想高于天"的执着追求和"红军不怕远征难，万水千山只等闲"的豪情壮志，牢牢把握发展主动权，在新的历史起点上奋力前行。

新的目标鼓舞人心、新的起点前景广阔、新的征程催人奋进，我们要不忘初心，牢记使命，以更加奋发有为的精神状态、扎实干事的过硬作风、勇于担当的时代责任，认真贯彻落实党的十九大精神和自治区第十二次党代会精神，在实现经济繁荣、民族团结、环境优美、人民富裕，与全国同步建成全面小康社会的目标中，续写新的篇章，创造新的辉煌。

（作者系宁夏社会科学院院长）

目 录

宁夏构筑西北生态安全屏障研究

马金元　史振亚

　　一部生态文明史，就是一部环境变迁史、人类进化史。新的时代条件下，"建设生态文明是中华民族永续发展的千年大计"赋予生态文明建设更新的任务、更神圣的使命。而要让"千年大计"变成现实，首先要维护生态安全。生态安全是一个区域与国家经济安全、社会安全的自然基础和支撑，是生态文明建设的目标和最终成果体现。党的十九大把"坚持人与自然和谐共生"确立为新时代坚持和发展中国特色社会主义的基本方略之一，为维护祖国生态安全指明了方向，明确了目标。习近平总书记强调指出"必须树立和践行绿水青山就是金山银山的理念，坚持节约资源和保护环境的基本国策，像对待生命一样对待生态环境，统筹山水林田湖草系统治理，实行最严格的生态环境保护制度，形成绿色发展方式和生活方式，坚定走生产发展、生活富裕、生态良好的文明发展道路，建设美丽中国，为人民创造良好生产生活环境，为全球生态安全作出贡献"。坚持新时代社会主义生态文明观，奋力开创生态文明新时代，必须把维护祖国生态安全作为头等大事来抓。这是人民期待，时代呼唤，更是发展必然、全民共识。

　　作者简介：马金元，宁夏回族自治区林业厅党组书记、厅长；史振亚，宁夏回族自治区林业厅科学技术处处长。

宁夏地处西北内陆，是我国北方防沙带、丝绸之路生态防护带和黄土高原—川滇生态修复带"三带"交会点，在全国生态安全战略格局中占有特殊地位。但全区东、西、北三面分别被毛乌素、腾格里、乌兰布和三大沙漠包围，长年干旱少雨、缺林少绿，是典型的生态脆弱区，必须服从服务国家战略，自觉增强生态危机意识，加快构筑西北生态安全屏障。自治区第十二次党代会首次把生态立区战略确立为三大战略之一，明确提出打造西部地区生态文明建设先行区，筑牢西北地区重要生态安全屏障的奋斗目标，从政治、战略和全局高度把构筑西北生态安全屏障的重大时代使命摆在全区发展的突出位置，彰显了自治区党委坚决贯彻落实党中央要求和习近平总书记加强生态文明建设系列重要讲话精神、全力推进国家生态安全屏障建设的意志与决心，更彰显了生态环境质量对宁夏发展的极端重要性，是全区上下决胜全面小康社会、开创生态文明新时代的重大战略调整。

一、深刻认识构筑西北生态安全屏障的重要性必要性紧迫性

（一）构筑西北生态安全屏障是坚决落实中央要求和习近平总书记系列重要讲话精神的重大任务

党的十八大把生态文明建设纳入中国特色社会主义"五位一体"总体布局，党的十八届五中全会把"绿色发展"作为五大发展理念之一，标志着党中央对生态文明建设的重视达到新高度。2016 年 7 月，习近平总书记视察宁夏，为我们明确了"努力实现经济繁荣、民族团结、环境优美、人民富裕，确保与全国同步建成全面小康社会"的奋斗目标，厘清了发展思路和重点，指明了发展方向和路径。总书记在党的十九大上强调："人与自然是生命共同体，人类必须尊重自然、顺应自然、保护自然。人类只有遵循自然规律才能有效防止在开发利用自然上走弯路，人类对大自然的伤害最终会伤及人类自身，这是无法抗拒的规律""我们要建设的现代化是人与自然和谐共生的现代化，既要创造更多物质财富和精神财富以满足人

民日益增长的美好生活需要，也要提供更多优质生态产品以满足人民日益增长的优美生态环境需要。必须坚持节约优先、保护优先、自然恢复为主的方针，形成节约资源和保护环境的空间格局、产业结构、生产方式、生活方式，还自然以宁静、和谐、美丽"。构筑西北生态安全屏障，必须紧扣"人与自然和谐共生"目标定位，全面贯彻落实党的十九大精神，把构筑西北生态安全屏障摆在宁夏发展更加突出的位置，加快推动生态优势向经济优势转化，再造宁夏发展新优势。

（二）构筑西北生态安全屏障是维护国家生态安全战略格局的重要内容

生态安全屏障是事关经济社会可持续发展的根本性问题，肩负维护国土安全、淡水安全、物种安全、气候安全和生物多样性等特殊任务，是人类赖以生存发展的最后一道防线和最大环境"保单"。200多年间的工业化进程虽然使人类创造了历史上从未有过的经济奇迹，积累了巨大物质财富，但也饱尝了高增长带来的苦果。特别是能源紧张、资源短缺、生态退化、环境恶化、气候变化、灾害频发等现象，给人类社会可持续发展带来更多的生态隐患和灾难。恩格斯在《自然辩证法》中指出："我们不要过分陶醉于我们人类对自然界的胜利。对于每一次这样的胜利，自然界都会对我们进行报复"。在全球3/4以上人口已经生活在"生态负债"、世界资源与环境危机一触即发的时代背景下，中国在工业化起步阶段就遭遇"生态文明高墙"的挑战：生态文明建设和环境保护滞后于经济社会发展，多阶段多领域多类型问题长期累积叠加，环境承载能力已经达到或接近上限，生态环境恶化趋势尚未根本扭转。世界自然基金会发布的《中国生态足迹报告2012》显示，中国生态足迹增加速度远高于生物承载力的增长速度，是生物承载力的2倍以上。海河、黄河、辽河流域水资源开发利用率分别高达106%、82%、76%，远远超过国际公认的水资源开发生态警戒线（40%）。在2020年如期实现决胜全面建成小康社会的历史任务，必须打破以往发展模式，"通过绿色发展解决人与自然和谐问题"，全面构筑生态安全战略格局。这就要求我们在任何时候任何条件下都不能以牺牲生态环境的代价来换取暂时的经济增长，更不能以"毁当代林""吃子孙饭"的方式毁掉赖以生存的生态家园、生态屏障。

（三）构筑西北生态安全屏障是建设美丽宁夏的必由之路

宁夏既有产业集聚、生态良好的引黄灌区平原绿洲生态区，也有极度缺水、生态脆弱的中部荒漠草原防沙治沙区；既有贫困程度深、生态条件差的南部黄土丘陵水土保持区，也有水源涵养好、自然原生态的三山生态功能区。但受多种因素影响，宁夏资源约束趋紧，生态环境压力加大、部分地区生态系统出现退化，与建设美丽宁夏的目标任务不相适应，也与人民群众日益增长的生态需求不相适应。根据国家第八次森林资源连续清查结果，宁夏"十二五"末森林覆盖率为 12.63%，较全国 21.66% 的森林覆盖率低 9.03 个百分点。与周边省份相比，仅高于西藏的 12.14%、甘肃的 11.86%、青海的 6.3%、新疆的 4.87%，与陕西的 43.06%、内蒙古的 21.03% 差距明显。长年干旱少雨、缺林少绿的宁夏是典型的生态脆弱区。全区降雨线分布由南向北从 800 毫米到 50 毫米依次递减，86% 的地域年均降水量在 300 毫米以下，荒漠化土地占全区国土总面积的 55.8%，年均造林保存率仅有 65%、成林转化率仅为 36%，乔木林单位蓄积量仅有 2.8 立方米／亩。截至 2016 年年底，全区森林覆盖率为 13.3%，较全国平均森林覆盖率低 9 个百分点。活立木蓄积量为 872.56 万立方米，仅占全国总蓄积量的万分之五。人均蓄积量 1.63 立方米，占全国人均 10.15 立方米的 1/6，占世界人均 70.98 立方米的 1/50。全国森林生态系统年均提供的主要生态服务价值约为 13 万亿元，人均享用 1 万元，而宁夏森林系统年均提供的生态服务价值约为 160 亿元，人均享用仅有 2424 元，仅为全国平均水平的 1/4。宁夏森林覆盖率提升缓慢，年均造林成活率维持在 90% 以上、保存率 65% 以上、转化率仅有 28%～30%。到 2022 年，要实现将全区森林覆盖率提高到 16% 的目标，意味着宁夏森林每年最少新增 55 万亩、成林转化率达到70%以上。因此，加快构筑西北生态安全屏障的任务十分繁重而紧迫。

二、宁夏生态建设基础条件与瓶颈

林业是生态之基，涉及山水田林湖生态系统各个领域、各个方面，是事关经济社会发展的根本性问题。实践证明，没有良好的自然生态做支撑，生态文明将会黯然失色。党的十八大以来，在党中央、国务院亲切关怀支持下，在自治区党委、政府坚强领导下，宁夏生态建设取得了一定成绩，为构筑西北生态安全屏障奠定了坚实基础。2012—2016年的5年间，全区完成营造林685万亩，林地保有量2701万亩，森林覆盖率达到13.3%，森林蓄积量增加到835万立方米，新增湿地面积30万亩，荒漠化面积减少了250万亩，林业及相关产业产值达到200亿元。主要表现在以下几个方面。

（一）服务大局，加快步伐

实施生态移民迁出区生态修复工程，完成生态修复230万亩，新建国有林场5个，生态移民迁出区植被覆盖度达到56%，比2012年提高25个百分点。实施主干道路大整治大绿化工程，完成京藏、青银等10多条国省干道绿化美化。成功举办第九届中国花卉博览会，全区建成25个市民休闲森林公园。推进城市绿化美化，石嘴山市跻身国家森林城市，中卫市、固原市创建国家园林城市，永宁县被命名为国家园林县城。

（二）精准造林，提高成效

科学编制宁夏林业"十三五"规划。启动实施六盘山重点生态功能区降水量400毫米以上区域造林绿化工程、引黄灌区平原绿洲生态区绿网提升造林绿化工程。2017年，宁夏完成营造林107.6万亩，占计划任务的107.6%。完成补植补造60.8万亩。完成荒漠治理90万亩。巩固退耕还林成果，完成退耕还林59万亩。依据绿色GDP核算理论，2017年，宁夏森林系统创造的生态服务价值可达226.4亿元，是全区人民最可靠的生态福祉，最大的绿色财富。

（三）生态扶贫，助力小康

大力实施造林、护林、林业产业扶贫，增加建档立卡贫困户农民收入，探索精准造林助推精准扶贫新模式。六盘山 400 毫米降水线造林绿化工程规划投资 20.55 亿元，造林及改造提升 260 万亩。优先使用贫困户苗木和贫困劳力，由贫困户负责栽植苗木，造林费直接兑付贫困户，平均每户增收 1 万元，为六盘山片区百万农民带来近 20 亿元收入。2015 年启动新一轮退耕还林工程以来，兑现退耕农户政策补助资金 1.75 亿元，兑现第一轮退耕还林完善政策资金 9.98 亿元，宁夏 153 万退耕农民人均直接受益 652 元。2016 年争取到 6000 个指标、资金 6000 万元，在海原县等 9 个国家重点贫困县（区）启动建档立卡贫困人口生态护林员选聘工作，选聘 6000 名生态护林员，管护面积 62 万公顷，每人每年补助 1 万元。2017 年新争取指标 1500 个、资金 1500 万元。按每人每年 1 万元标准，将使 7500 名贫困人员精准脱贫，同时带动 3 万人脱贫。

（四）深化改革，激发活力

全面启动国有林场改革，目前主体任务基本完成。2016 年，启动全国湿地产权确权试点工作，制订《宁夏回族自治区自然资源统一确权登记（湿地产权确权）试点实施方案》，2017 年在全区推开试点工作。深化推进集体林权制度改革，自治区政府印发《关于深化集体林权制度改革工作意见》《关于完善集体林权制度的实施方案》。确权集体林地 1444.7 万亩，与金融部门达成 5 年 60 亿元林业产业信贷协议。完成森林、湿地生态红线划定工作。加大简政放权力度，186 项行政职权精简到 79 项，精简率 57.5%。非基本农田葡萄确权颁证试点在青铜峡、西夏区启动。林权流转试点在西吉、彭阳、同心县开展。

（五）促进转型，加快发展

全力扶持枸杞、红枣、苹果、花卉等特色优势经济林产业发展。5 年发展枸杞、红枣、苹果等林业特色优势产业基地 270 万亩。编制《再造宁夏枸杞产业发展新优势规划（2016—2020 年)》，启动实施再造枸杞产业发展新优势工程，围绕枸杞产业近期和远期目标任务，推进枸杞质量安全体系建设，组织开展多场枸杞境内外宣传推进活动。2017 年，宁夏新增枸杞种植面积 5 万亩，改造提升 1.8 万亩，枸杞加工转化率达到 25%，枸杞产业年综合产值达到 150 亿元，"宁夏枸杞""中宁枸杞"被评为全国 100 个消费者最喜爱的优质农产品品牌。新建苹果、红枣、花卉等特色优势林产业标准化基地 5.1 万亩，低产低效园改造 3.2 万亩，培育建立标准化示范园 10 个。有效化解过剩苗木，累计使用当地苗圃良种壮苗近 3 亿株，苗农苗木收入达 10 亿元以上，劳务收入达 10 亿元。林下经济总面积达到 360.1 万亩，实现产值 20.8 亿元。

（六）强化管护，巩固成果

全面打响贺兰山生态保卫战，贺兰山国家级自然保护区生态环境综合整治工作取得阶段性成果，169 处生态环境综合整治任务全面展开，已完成总任务量的 80%。查处破坏森林和矿产资源案件 251 起，立案侦查 9 起，抓获犯罪嫌疑人 19 人，治安拘留 3 人、刑事拘留 5 人。扎实推进"绿盾 2017"清理整治专项行动，对排查出的保护区人类活动逐项整改落实。完成自治区和 22 个县（区）林地保护利用规划编制审批工作。1530.8 万亩森林资源纳入天保工程管护，755.4 万亩国家级公益林纳入森林生态效益补偿范围。建成国家和自治区级湿地公园 8 个，湿地面积达 310 万亩，自然湿地保护率达到 45%。成功举办全国黄河流域湿地保护经验交流会，发布《保护黄河流域湿地——吴忠宣言》。沙湖跻身"中国十大魅力湿地"。自然保护区建设加强，南华山晋升国家级自然保护区。建立完善林业有害生物联防联治机制，有害生物成灾率下降到 6.96‰，无公害防治率达到 83.93%，种苗产地检疫率达到 100%。新建 7 个国家级、20 个基层野生动物疫源疫病监测站。严格落实森林防火责任制，森林火灾受害率控制在 0.9‰以下，宁夏连续 57 年未发生重大以上森林火灾。

（七）科学治沙，加强合作

加快推进全国防沙治沙综合示范区建设，灵武白芨滩启动建设"全国防沙治沙展览馆"。组织实施了世行贷款宁夏黄河东岸防沙治沙项目、德援二期、小渊基金等外援项目。5 年使用外援资金 7.67 亿元，治理荒漠化 155.3 万亩，实现了荒漠化土地、沙化土地双缩减。积极推进国际荒漠化交流合作，组织召开中阿博览会防沙治沙论坛。

（八）科技创新，提升能力

实施科技推广项目 92 个、引进推广新品种 43 个。培训基层林业技术人员、农民 2.2 万余人。建成国家林业局枸杞工程技术中心和林产品监测检验中心，建成基层林业标准站 23 个。林木良种使用率达到 53.7%。建成林地、森林、湿地基础地理信息数据库和宁夏森林火险预警、森林防火通信、信息指挥 3 个信息系统平台。

5 年来，自治区党委、政府出台了《关于落实绿色发展理念，加快美丽宁夏建设的意见》《宁夏党政领导干部生态环境损害责任追究实施细则（试行）》《自治区党委、人民政府关于推进生态立区战略的实施意见》。制定《宁夏回族自治区森林防火办法》《宁夏回族自治区林业有害生物防治办法》，印发《宁夏生态保护与建设"十三五"规划》《再造宁夏枸杞产业发展新优势规划（2016—2020 年）》《宁夏贺兰山国家级自然保护区总体整治方案》《关于完善集体林权制度的实施方案》等。颁布实施《宁夏回族自治区枸杞产业促进条例》。宁夏回族自治区政府与国家林业局签署了《共同推进宁夏生态林业建设合作协议》，为加快宁夏林业发展提供了保障。

但也要清醒看到，宁夏生态建设还存在不少的困难和问题。一是缺林少绿的林情还没有根本改变。二是林业建设投入总量严重不足、渠道单一狭窄。三是经济社会发展对林地征占用需求持续攀升，个别地方违法占用林地案件易发多发，未批先占、少批多占、毁林开垦等违法行为时有发生，资源管护压力越来越大。四是枸杞产业发展面临异常严峻形势。五是以贺兰山为重点的自然保护区环境综合整治面临很大压力。六是宁夏生态文明意识有待提升。

三、全面把握"构筑西北生态安全屏障"的总体要求

"把山水田林湖作为一个生命共同体，统筹实施一体化生态保护和修复，全面提升自然生态系统稳定性和生态服务功能。要构筑以贺兰山、六盘山、罗山自然保护区为重点的'三山'生态安全屏障，持续推进天然林保护、三北防护林、封山禁牧、退耕还林还草、防沙治沙等生态建设工程"，是自治区第十二次党代会确定的生态立区战略总目标，也是构筑西北生态安全屏障的总要求，需要从 4 个方面来把握。

（一）牢固树立"山水田林湖是一个生命共同体"的意识

按照生态系统的整体性、系统性及其内在规律，统筹考虑构筑西北生态安全屏障涉及的自然生态各要素、山上山下、地上地下以及流域上下游等环境条件，按照习近平总书记提出的"山水田林湖是一个生命共同体"的要求，系统治理、整体保护，切实增强各类生态安全屏障的自我修复循环能力，推动生态系统平衡、生物多样性发展。

（二）推动"一体化生态保护和修复"的实现路径

对标"绿色发展成为鲜明特色，生态经济发展壮大，万元 GDP 能耗、碳排放和主要污染物排放总量控制在国家下达的指标以内；筑牢西北地区重要生态安全屏障，生态环境保护和治理取得重大成果，人居环境质量在全国排名靠前，黄河干流宁夏段Ⅲ类水体比例保持在 100%，空气质量优良天数达到 80% 以上，森林覆盖率达到 16%，城市建成区绿地率达到 38.5%"等目标，以总体改善宁夏生态环境质量为总揽，坚持生态优先、保护优先、自然恢复为主的方针，全域覆盖、统一部署，集中力量、集中优势，持续不懈打一场生态安全保卫战、攻坚战，再造"天蓝地绿水美"

的新宁夏，为祖国创建一片生态胜地。

（三）突出"生态安全屏障"的特殊地位

加强生态保护，构建以自然保护区和重要生态功能区为主体的生态安全屏障是确保国家生态安全战略格局的重要举措。重点加大贺兰山、六盘山、罗山等自然保护区为主的生态屏障建设，通过保护好各类自然保护区、生态功能区，以达到构筑西北生态安全屏障的重要目的，切实发挥好自然保护区、生态功能区在水源涵养、地下水补给、土壤保持、生物多样性、固碳释氧、自然景观等多样化的生态产品和生态服务功能，通过生态屏障建设预防生态系统退化，保持生物多样性，为经济社会可持续发展提供坚强有力的生态支撑。

（四）强化"生态修复工程"的载体功能

紧密结合宁夏实际和国土造林绿化规律，遵循降雨线分布和不同区域水资源分布，积极推进天然林保护、三北防护林、封山禁牧、退耕还林还草、防沙治沙等生态建设工程，确保种一片、成一片、活一片，有效提升宁夏国土绿化造林绿量绿质绿效，为筑牢西北生态安全屏障奠定坚实基础。

四、加快实施构筑西北生态安全屏障的重点工程与任务

今后一个时期，加快构筑西北生态安全屏障需要突出以下重点工程与任务。

（一）着力推进国土绿化行动，实施精准造林

国土绿化对涵养水源、防风固沙、调节气候、发展生产、改善环境具有重要作用。森林是陆地生态系统的主体，是自然功能最完善、最强大的资源库、基因库和蓄水库，也是推进国土造林绿化追求的目标之一。根据自治区总体改善全区生态环境质量的总要求，全区林业系统将坚持目标导向与问题导向，以推进国土造林绿化为重点，积极转变林业建设思路与方式，自觉遵循降雨线分布和不同区域水资源分布规律，坚持绿随人走、树

随水走，大力实施精准造林，按照不同立地条件，因地制宜、适地适树、宜乔则乔、宜灌则灌，分类推进造林小班、造林树种、造林模式、造林措施、抚育管护、成林转化"六精准"，确保植树造林种一片、成一片、活一片，努力让有人的地方绿树成荫，让有树的地方成林成材。大力实施六盘山重点生态功能区降水量400毫米以上区域造林绿化工程。按照《六盘山重点生态功能区400毫米以上区域造林规划（2017—2020年）》，重点在降水量400毫米以上、坡度25度以上六盘山区实施精准造林、工程造林，大幅扩大森林面积。要着眼化解苗木产能、助力精准脱贫，坚持适地适树，大苗壮苗上山，用当地的苗绿化当地的家园，让当地的贫困户挣造林的钱，实现精准造林和精准脱贫"双赢"，力争4年完成260万亩造林任务，为提升宁夏森林覆盖率贡献2个百分点。要强化森林质量提升，推进近自然林改造、天然林保护、水源涵养林建设和封坡育草、封山育林、退耕还林等工程建设，有效提升林木成活率、转化率。大力推进引黄灌区平原绿洲生态区绿网提升工程，按照《引黄灌区平原绿洲生态绿网提升工程（2017—2020年）》，以国省道两侧大绿化、黄河主河道护岸林、贺兰山东麓葡萄长廊防风带、引黄灌区农田渠系防护林为线，以乡村、学校、城镇、园区为点，以中心城市为面，在大网格、宽带幅上用力着墨，在可透视、多层次上精心打造，更好展现"塞上江南"新美景，服务"神奇宁夏"全域旅游大战略。不遗余力地推进荒漠化治理。全面落实好防沙治沙职责，以沙化土地封禁保护项目为依托，以沙区原生植被保护为重点，以沙产业发展为补充，自然修复与人工措施并举，不遗余力、久久为功，建设好全国防沙治沙综合示范区，全力构筑北方防沙带，维护黄河中下游和京津冀生态安全。积极融入"一带一路"战略，大力开展防沙治沙国际合作，讲好防沙治沙的"宁夏故事"，传播好防沙治沙的"中国经验"。

2018年，宁夏林业战线将以四项工程为抓手，在推进国土绿化上有新作为。依托国家重点生态林业工程，大规模推进国土绿化，更好地满足人民群众日益增长的优美生态环境需要。重点抓好"4+1工程",即六盘山重点生态功能区降水量400毫米以上区域造林绿化,引黄灌区平原绿洲生态区绿网提升,南华山外围区域水源涵养林建设,同心、红寺堡(文冠果)生态经济林种植四大工程和防沙治沙示范区建设。通过实施精准造林、工程造林,实现林业助推精准脱贫,化解苗木过剩产能,有效增加绿色总量,提高森林覆盖率,服务生态立区战略和大银川都市圈建设,唤醒全社会生态文明意识和提高义务植树尽责率。在推进大规模国土绿化上,需要自治区党政军、大中专院校和社会团体广泛参与,多渠道投入,努力营造全民推进的浓厚氛围,在政策、资金、项目等方面给予大力支持,争取自治区尽快设立美丽宁夏基金,并向造林绿化倾斜。按照习近平总书记关于深度贫困地区脱贫攻坚讲话精神,在做好政策、项目、资金倾斜的基础上,大力推广扶贫造林合作社和彭阳专业队造林模式,以精准造林助推精准脱贫。全年计划完成人工造林60万亩,封山(沙)育林22万亩,退耕还林3万亩,退化林分改造10万亩,未成林补植补造50万亩。同时加快盐池、灵武、同心、沙坡头4个全国防沙治沙示范县建设,治理荒漠化土地50万亩。抓好2019年北京世界园艺博览会宁夏园建设工作。

(二)强化资源管理

宁夏常年干旱少雨,生态非常脆弱。现有的森林资源来之不易,弥足珍贵,是国家财力持续投入换来的公共产品,是全社会共同累积的绿色财富,必须倍加珍爱,精心呵护。伴随宁夏新型城镇化、工业化进程的加速推进,林地保护形势严峻。未批先占、少批多占、毁林开垦等违法行为时有发生、局部地区毁林开垦现象防不胜防。宁夏还有4183.5万亩荒漠化土地和1689.9万亩的沙化土地亟需治理,沙区宜林地造林难度大,新恢复的植被林分不稳定,开发与保护矛盾突出,沙漠化防治面临新挑战,巩固治沙成果进入"僵持期"。长远看,强化资源管理任务十分艰巨。构筑西北安全生态屏障,必须坚定不移地大力实施生态立区战略,对标中央要求,提高政治站位，坚持生态优先、保护优先、自然恢复为主的方针，切实强化森林资源管理。要加快推进林业类自然保护区的综合整治与能力建设。贺兰山被誉为宁夏人民的"父亲山"，至今已有24亿年生命史，是我国西部重要的气候和植被分界线，我国八大生物多样性保护热点地区之一，也是青藏高原连接阴山山脉、大兴安岭至西伯利亚的生物山地廊道和保存我国北方第四纪生态环境变化信息极为重要的山地，具有极高的科学、生态与经济价值。要全面加大贺兰山自然保护区环境综合整治力度，坚决守护好贺兰山的绿水青山，突出构建绿色生态屏障，加强生态保护与修复，带动北部平原绿洲生态系统建设，营造多区域贯通的生态廊道。持之以恒推进整治贺兰山国家级自然保护区的环境综合整治工作，全面打赢贺兰山环境整治攻坚战。结合"绿盾行动"，对宁夏其他林业类型的自然保护区和非法侵占林地问题，全面排查、督促整改，坚决制止、从严惩处各类破坏生态环境的违法犯罪行为。六盘山是我国黄土高原具有代表性的温带山地森林生态系统和重要的水源涵养林区，被誉为"高原绿岛""绿色水塔"，发源于这一地区的泾河、清水河、葫芦河是宁夏南部、甘肃陇东、陕西关中20多个县市、300多万人饮水和灌溉的重要来源。要在六盘山自然保护区突出构建水源涵养和水土保持生态屏障，带动南部山区绿岛生态建设，形成山清水秀、环境优美的生态廊道。罗山地处宁夏中部干旱带，是沙漠和黄土丘陵过渡性地带，其稳定的森林生态系统和生物多样性，以及与之相伴生的丰富水资源，对周边干旱的生态环境产生了极大影响，要在罗山自然保护区突出构建防风防沙生态屏障，带动中部干旱带生态系统建设，确保人口和产业不突破环境承载能力。严守并划定生态保护红线。借助中央支持宁夏开展全国"多规合一"试点机遇，重点划定森林、湿地等生态保护红线，把生态红线落实到山头地块。明确宁夏生态空间，从根本上化解林地与其他地类边界不清、"一地多证"等矛盾和问题，为宁夏人民留足留够生态空间。要强化各类征占用生态用地的控制和引导，确保总量平衡，面积不减少。特别是森林、湿地、自然保护区，坚决不能突破红线约束，确保主要生态保护区域安全。严格资源管理。科学开展天然林经营，人工公益林近自然经营，推进中幼龄林抚育和退化林修复，加大疏林地、未成林地封育和补植补造，加快培育健康森林体系。建立森林、林地长效管护机制，强化新造林抚育管护，严格抚育责任制，确保林木有人栽、有人管、有技术支撑。落实森林资源目标、任务、资金、责任"四到县"，完善公益林管护县、乡（林场）、村三级保护责任体系，大幅提高森林管护经营质量。加强森林防火。坚持预防为主，积极消灭，科学防控，强化森林防火基础设施建设，加快高新技术手段和装备应用，建立健全火灾应急处置机制，严防发生森林火灾。加强病虫害防治。加大森林、农田防护林、黄河护岸林主要林业有害生物治理，压缩主要林业有害生物发生范围和危害程度，控制危险性有害生物扩散蔓延。健全完善区、市、县三级森林病虫害测报、检疫、防治网络信息系统，构建森林病虫鼠害监测预警、检疫御灾、防治减灾和服务保障等防控体系。加强野生动植物保护。开展野生动植物拯救行动，支持建设一批保护站。开展野生动物疫源疫病监测行动，建立陆生野生动物疫源疫病监测防控体系。

2018 年，宁夏林业系统将科学更新全区林地"一张图"，确保林地落实落界。提请自治区政府出台《宁夏湿地保护修复制度实施工作方案》。加大林业有害生物防治，力争成灾率控制在 6‰ 以下，无公害防治率达到 85% 以上。扎实推进"三山"生态建设和保护，加快推进贺兰山自然保护区生态环境综合整治，开展自然保护区人类活动整治绿盾行动，加快六盘山、罗山自然保护区实地勘界落界工作，启动建设贺兰山、六盘山、罗山监控预警系统。

（三）大力发展林业经济

以满足人民群众日益增长的生态需求为主攻方向，全面推进林业供给侧结构性改革，把有效增加绿色优质林产品供给放在突出位置，坚持供给端、需求端两端发力，切实优化林产品供给结构，丰富产品供给，助力精准脱贫。在再造枸杞产业新优势方面，按照自治区"1+4"特色产业现代化推进方案要求，突出优质、安全、绿色导向，主动顺应大健康趋势，切实抓好枸杞标准化生产、质量可追溯、"宁夏枸杞"品牌认定标准和管理办法等工作，近期以解决枸杞农残降解为主推进枸杞标准体系建设、质量安全监管、区域公共品牌塑造，全面提升枸杞质量；远期以功能性产品研发与市场有效供给，推动枸杞产业全环节升级、全链条增值为主，使这一"原字号"产品真正成为带动农民增收致富的大产业。在推进林业"三去一降一补"方面，分领域、分层次淘汰林业落后产能、化解过剩产能，有效纾解传统林业产能过剩压力。注重引入新技术、新工艺、新模式扩大绿色生态产品有效和中高端供给，提高绿色产品供给质量。加快林业结构调整、转型升级，引导绿色生态产品回归合理区间，推动农林产品供需平稳均衡发展。积极适应市场需求，支持发展适度规模经营，创新市场营销方式，有效补齐短板。特色林产品发展方面，坚持去旧与育新相结合，在巩固提升红枣、苹果、花卉、山桃等地方特色产业基础上，大力发展油用牡丹、文冠果、钙果、构树及柠条、杜仲等特色林果业，积极推进林产品精深加工，支持发展林下经济，以特色林产业带动精准脱贫，为贫困群众早日实现脱贫致富提供出路。大力实施长枣等特色林产品原产地和商标保护工程，提升特色农林产品品质，推动特色林产品专业化、市场化、标准化、品牌化发展。

2018 年，宁夏林业战线将以枸杞产业提质增效为核心，在推进林产品供给质量上有新作为。着力深化供给侧结构性改革，把合理有效调整枸杞产业结构和提升产品供给能力作为着力点和出发点，努力提供更多优质生态产品，提升质量标准与市场话语权。按照习近平总书记来宁视察时提出的"五乡"之美誉，发挥枸杞"原字号""老字号""宁字号"优势，突出优质、安全、绿色导向，围绕标准体系建设、质量安全监管、区域公共品牌塑造等重点环节，推动枸杞产业全环节升级、全链条增值。主动顺应大健康趋势，近期抓好以农残降解为重点的质量标准体系建设，远期抓好以提高附加值为目标导向的功能性产品研发，加大市场营销，突出品牌引领，强化龙头企业带动，不断提高品质和市场占有率，把林业特色优势产业做实做强。宁夏计划新增苹果、红枣等特色经济林 5 万亩，改造提升 10 万亩。同步抓好种苗、枸杞、灵武长枣等社会化服务试点。

（四）强化科技支撑

充分发挥林业科技创新特有的作用，把原动力放在创新驱动上，全面激活市场、激活要素、激活主体，紧紧依靠科技创新解放生产力、增强生命力。坚持有所为有所不为，调整林业科技创新方向和重点，优化林业科研资源配置，突出枸杞产业、精准造林、荒漠化治理、特色林业发展等领域，重点推进林业共性关键技术攻关和吸收消化再创新，努力攻克林业技术难关，补齐林业科技的短板，服务林业供给侧结构性改革。积极搭建创新平台，探索建设各种类型的林业创新中心、工程中心、研发中心、创新基地、创新示范区、科普基地，以有效载体集成、放大、引领林业科技创新，构建形成平台促创新、平台带人才、平台促转化的良好格局。要加强人才培养，强化人才培养"传帮带"，支持学术带头人组建创新团队，采取实施一个项目、建设一个基地、成立一个团队、培养一批人才、转化一批成果，培养带动更多林业科技人才成长成才。推动机制创新。健全人才使用、评价、流动、激励机制，推进林业科技成果转化，完善职务发明制度和奖励报酬制度，建立推行股权分红激励政策、成果转化奖励办法。进一步改进林业科研经费使用办法，下放科研项目管理自主权，提高科技资金管理配置效率。

（五）深化林业改革

坚持目标导向和问题导向相统一，突出重点，对标短板，优化顶层设计，完善体制机制，以改革赢先机，靠改革激活力，努力在林业改革上有新作为。一是全面完成湿地产权确权试点。按照国家批复的试点方案，全面完成试点任务，力争为全国湿地产权确权工作提供可复制、可推广的"宁夏经验"。二是如期完成国有林场改革任务。重点在活化林场内部资源管护、人事管理、收入分配等机制上取得实质性突破，发挥国有林场在生态文明建设中的主体和主阵地作用。三是进一步完善集体林权制度改革。进一步稳定集体林地承包关系，放活集体林生产经营自主权，引导集体林地适度规模经营，培育壮大新型林业经营主体。

（六）增加生态投入

生态建设是前人栽树、后人乘凉的民生工程，需要久久为功，绵绵用力。对宁夏而言，在生态建设上投再多的钱也不为过。争取建立生态建设专项基金，有效提高生态建设投入比重，确保生态建设工程投入长期稳定。要变"补助造林"为"工程造林"，参照交通、水利、城建工程项目建设办法，每年确定一批重大林业建设工程，足额给予支持，确保集中建设、集中攻坚、集中突破，防止还"旧账"，欠"新账"。启动生态补偿工作，对维护公益林、湿地、草原、水资源等自然资源安全的地区给予补偿。积极引入 PPP 生态建设模式，有效引入社会资本参与生态建设，为全社会共建共享生态环境提供有利条件。搭建金融综合服务平台，将政府产业引导资金与各类金融资源有效对接，通过融资担保、委托贷款、股权投资、创业投资、助贷基金、债券发行等方式，引导社会资本进入林业生态建设、林业产业建设。鼓励开展融资担保业务，鼓励开展多元化的金融创新。通过林权抵押、股权质押、保单质押、助贷基金等多元化方式，提高信贷资金对林业产业支持的广度和深度。

宁夏建设生态文明试验区研究

郑彦卿　廖　周　马宝妮

党的十九大报告指出，建设生态文明是中华民族永续发展的千年大计。中央"十三五"规划建议设立国家生态文明试验区，意味着中央在生态文明体制的改革过程中，希望看到地方积极探索好的制度，积累生态文明的经验。宁夏在"十三五"期间，以"绿色"发展为主基调，积极争取整体列入国家生态试验区，是打造西部地区生态文明建设先行区，实现"经济繁荣、民族团结、环境优美、人民富裕与全国同步建成全面小康社会"建设目标的必然要求，同时也为探索国家生态文明发展道路提供经验与范式。

一、国家"生态文明建设先行示范区"政策回顾

2013 年 12 月，按照《国务院关于加快发展节能环保产业的意见》（国发〔2013〕30 号）中"在全国选择有代表性的 100 个地区开展生态文明先行示范区建设"的要求，国家发展改革委、财政部、国土资源部、水

作者简介：郑彦卿，宁夏社会科学院科研组织处处长，编审，主要从事宁夏地方史志编纂与研究；廖周，历史学硕士，宁夏社会科学院历史研究院助理研究员；马宝妮，宁夏社会科学院组织人事处副处长。

利部、农业部、国家林业局等六部门联合下发了《关于印发国家生态文明先行示范区建设方案（试行）的通知》（发改环资〔2013〕2420号），启动了生态文明先行示范区建设。六部门委托中国循环经济协会从相关领域选取专家组成专家组，对申报地区进行了集中论证和复核把关，于2014年6月公布了55个地区作为第一批生态文明先行示范区建设地区。在第一批名单中，福建、江西、云南、贵州、青海5个省被整体纳入示范区建设，宁夏的永宁县和利通区名列其中。2015年6月，七部委（除上述六部委外，增加了住建部）又联合下文，组织申报第二批生态文明先行示范区（发改环资〔2015〕1447号），这次文件要求，"不以省级地区为申报对象"，并给宁夏1个"一带一路"涉及地区名额。2016年1月，国家发改委发布开展第二批生态文明先行示范区建设通知，共确定了45个地区，包括宁夏石嘴山市及该市申报的两项改革方案，一是探索建立公众参与制度，发挥听证会制度在生态文明建设中的作用；二是建立领导干部自然资源资产与环境责任离任审计制度。通知要求，先行示范地区要将生态文明、绿色发展作为"十三五"发展的重要引领，在思维理念、价值导向、空间布局、生产方式、生活方式等方面，率先大幅提高绿色化程度。2016年8月，中办、国办联合发文，将福建、江西和贵州列入首批国家生态文明试验区。

二、宁夏争取"国家生态文明试验区"的政策分析

2015年10月，中央在关于制定国民经济和社会发展第十三个五年规划的建议中指出，要"设立统一规范的国家生态文明试验区"。解读这一文件，我们可以得出，"十三五"期间国家有可能对现行的各类"生态文明建设先行示范区"进行调整、整合，设立"国家生态文明试验区"。在文字上，"先行示范区"和"试验区"是有着较大区别的。示范一般是试验成果的展示与推广，示范区要成为可供大家学习的典范。而试验则重视

不同方式的研究、实验，为达到某种效果先做探索，并尝试从中得到经验。"示范"可以包含"试验"，但试验的结果不一定非要"示范"。一方面，说明中央对推进生态文明建设更加稳健，不搞一哄而上，希望各地能因地制宜，从体制上有更多的创新发展；另一方面，"试验区"的政策入口有较大的灵活性，为宁夏争取成为国家生态文明试验区提供了可能。

因此，宁夏应按照党和国家建设生态文明的总体要求，探索建设"国家生态文明实验区"，这是适应国家绿色发展大趋势的创新举措。"十二五"期间，宁夏在全国率先编制实施全省域空间发展战略规划，生态建设和环境保护得到加强，成为全国唯一省级节水型社会示范区，在推动绿色发展方面取得了较好成效。"十三五"期间，宁夏坚持把生态文明建设融入经济社会发展全过程，推动形成绿色发展方式和生活方式。建议自治区抢抓国家生态文明体制建设的战略机遇和"十三五"国家持续支持宁夏经济社会发展的政策机遇，先行先试，从整体上探索建设国家生态文明试验区，以创新、协调、绿色、开放、共享发展理念统领生态立区战略，在全面建成小康社会的同时，建成西部生态安全屏障，继续保持天蓝地绿水净，为西部乃至全国建设国家生态文明试验区积累经验。

三、宁夏建设国家生态文明试验区的重大意义

宁夏回族自治区面积 6.64 万平方公里，总人口 667.88 万人，其中回族人口占 36.05%（2015 年）。宁夏资源丰富，现有耕地 1891 万亩，人均居全国第 3 位，是全国十大牧区之一，引黄灌区是全国十二个商品粮生产基地之一；已探明煤炭储量 461.8 亿吨，居全国第 6 位；2014 年发电量1201.2 亿千瓦小时，人均居全国第 1 位。宁夏是建设丝绸之路经济带的战略支点和中阿国际合作桥头堡，是国家重要的现代能源化工基地，是西部重要的生态屏障区，也是国家全面建成小康社会进程中的难点区，将宁夏设立为国家生态文明试验区，具有极其重要的意义。

（一）对于不同地区的生态文明制度建设具有示范作用

宁夏地域差异大，地势南高北低，落差近 1000 米，呈阶梯状下降。北部引黄灌区麦稻高产，瓜果丰盛，生态环境良性循环，素有"塞上江南"的美誉；中部干旱带风大沙多，土地贫瘠，随着防沙治沙、扬黄工程等工程的实施，生态环境大为改观；南部西海固地区山大沟深，生态脆弱，但六盘山地区降水充沛，被誉为"高原绿岛"，生态发展前景良好。宁夏北部、中部和南部生态文明发展程度和建设力度各不相同，在制度设计上应体现合理的差异性，精细化的制度体系对其他地区的生态文明体制改革更加具有借鉴意义。国家在推进生态文明体制改革中，选择若干个代价小、潜力大，有一定典型性，又容易启动和见效的地区作为试验区，进行科学规划，重点建设，有利于树立标尺，探索经验，早见成效。

（二）有利于维护民族地区稳定，促进西部经济社会可持续发展

宁夏位于祖国几何中心，自古以来就是各民族南来北往频繁的地区，地理位置非常重要。首府银川 1800 公里之内可以辐射全国所有省会城市，3000 公里之内可以辐射东南亚各地，是东、中部地区进入河西走廊、新疆，通往中亚、欧洲的便捷通道。宁夏是回族聚居区，少数民族地区经济社会与生态的协调发展，关系民族团结和边疆的稳定。民族地区虽然经济发展相对滞后，开放的思想观念相对薄弱，生态环境和其所生存的生态系统也相对脆弱，但民族地区大都资源能源丰富、民族风情浓郁，具有良好的自然和风俗优势。考虑现有的生态环境和经济条件，以人与自然的和谐发展为主线，以提高人民群众的生产生活质量为根本出发点，着力构建协调的生态效益型经济体系、永续利用的资源保障体系、自然和谐的城镇人居环境体系，是少数民族地区生态文明建设的题中之义，也是全面落实科学发展观的内在要求。从经济社会可持续发展方面，宁夏是国家重要的煤炭生产基地、"西电东送"火电基地、煤化工产业基地和循环经济示范区。国家"西气东输"5 条管线横穿宁夏。国务院批准宁夏建设内陆开放

型经济试验区、设立银川综合保税区，赋予了先行先试的政策。宁夏已成功举办了三届中阿经贸论坛和三届中阿博览会，在能源、金融、旅游、科技等方面，与阿拉伯国家及世界其他地区的交流合作不断深化。宁夏还是西部重要的粮油和农畜产品生产基地。通过设立生态文明试验区，探求适合西部生态特点的新型经济社会发展模式，对保持西部地区的繁荣昌盛具有重要的现实意义。

（三）是推动宁夏产业结构调整、实现人与自然和谐发展的重要举措

宁夏是欠发达地区，基础弱、条件差、起步晚，如果不加快发展、追赶发展，与东部的差距可能会越来越大，必须始终以经济建设为中心，狠抓第一要务，坚持不懈地把发展搞上去，且这个发展必须是以质量和效益为前提的发展，是可持续发展。工业上轻重并举，打造全产业链；农业上注重品牌品质，提质增效；服务业上扩大规模，提升档次。随着西部大开发战略的实施，特别是"十二五"以来，自治区在产业结构调整上，不断延长煤化工产业链，新上了一批高、精、轻的项目，煤制油、煤制烯烃及下游产业取得突破性发展；加快国家级生态纺织示范基地建设，如意集团精梳纱线项目、中银绒业羊绒衫、恒丰集团纺织项目建成投产。农业方面，实现农产品加工转化率达到58%，枸杞、酿酒葡萄、瓜菜、草畜等特色优势产业效益不断提升。服务业方面，启动建设了西部云基地，引进了亚马逊、奇虎360等互联网巨头，文化创意、数字出版等新兴文化产业蓬勃发展，旅游产业正在兴起，2015年，全区旅游总收入同比增长13%。与此同时，自治区一手抓生态保护，一手抓生态建设，大力实施封山禁牧、退耕还林、湿地保护、绿化美化、移民迁出区等生态修复工程，着力打造沿黄城市带绿色景观、贺兰山东麓生态产业、中部干旱带防风固沙和六盘山区域生态保护"四大长廊"，全区生态环境持续好转，生态环境的改善程度居全国前列。实践证明，以生态文明建设为契机，狠抓产业结构调整的路子是正确的，只有牢固树立绿水青山就是金山银山的理念，进一步加

强生态建设和环境保护、发展循环经济、建设资源节约型社会，才能推动形成人与自然和谐发展的现代化建设新格局。

四、宁夏生态文明试验区建设的主要目标

宁夏国家生态文明试验区，应以社会主义生态文明观为指导，深入贯彻执行中央制定的《生态文明体制改革总体方案》和自治区党委提出的《关于制定国民经济和社会发展第十三个五年规划的建议》，大力实施生态立区战略，以正确处理人与自然关系为核心，以解决生态环境领域的突出问题为导向，按照建立"八项制度"①的要求，因地制宜、大胆试验，探索欠发达地区和生态脆弱区经济社会发展的新思路、新模式、新方法、新路径，到 2020 年，与全国同步建成全面小康社会，生态文明理念深入人心，符合主体功能定位的空间开发格局基本形成，产业结构更趋合理，资源利用效率大幅提升，生态系统稳定性增强，人居环境明显改善，生态文明制度体系基本形成。取得的生态文明建设经验，在宁夏管用，在西部可推广，在全国可借鉴。

一是经济发展质量明显提升。到 2020 年经济总量和城乡居民收入在 2010 年基础上翻一番。产业结构更趋合理，工业结构显著优化，战略性新兴产业增加值占 GDP 比重大幅提升，无公害、绿色有机农产品所占比例达到 50%。

二是资源能源节约利用水平显著提高。超额完成国家下达的节能降耗等目标，资源利用效率明显提升，资源循环利用体系基本建成，工业固废综合利用率达到 80%，绿色矿区建设格局基本形成。

---

①中共中央政治局 2015 年 9 月 11 日审议通过《生态文明体制改革总体方案》提出建立健全八项制度，分别为健全自然资源资产产权制度、建立国土空间开发保护制度、建立空间规划体系、完善资源总量管理和全面节约制度、健全资源有偿使用和生态补偿制度、建立健全环境治理体系、健全环境治理和生态保护市场体系、完善生态文明绩效评价考核和责任追究制度。

三是生态环境保持优良。超额完成国家下达的化学需氧量、二氧化碳、氮氧化合物等主要污染物减排任务，环境空气质量全国排位不断上升，空气质量指数（AQI）达到优良天数占比达到80%以上，森林覆盖率达到16%，历史遗留的矿山地质环境恢复治理率达到30%以上。

四是生态文化体系基本建立。建成一批生态文化普及场所。全区党政干部、大中小学生参加生态文明课程培训的比例达到100%。以森林、湿地、荒漠、草原等生态文化为内容的活动占全区文化、学术活动的20%以上。全民节水器具普及率达到70%。绿色消费理念深入人心。

五是生态文明体制机制日趋完善。体现生态文明建设要求的政绩考核、自然资源资产产权和用途管制、资源环境生态信息公开等制度全面落实，能源、水、土地节约集约利用制度更加完善，生态补偿机制更加健全，市场化交易机制基本形成。

五、实施宁夏国家生态文明试验区的政策措施建议

（一）编制生态文明试验区建设规划和实施方案

按照规划先行的原则，组织编写《宁夏生态文明试验区建设规划》和《宁夏生态文明试验区建设实施方案》确立生态文明试验区建设的指导思想、基本原则、发展战略、主要任务和实施措施。确立试验区的主要任务：一是落实好《全国主体功能区规划》和《宁夏空间发展战略规划》构建科学的空间开发格局，坚持"把宁夏作为一个城市"的规划建设理念，在自治区"多规合一"试点工作中，加快制定配套专规和市县详规；二是坚持集聚化、特色化方向，以转变发展方式为主线，以科技创新和转化应用为引领，调整优化产业结构；三是加大节能减排力度，以绿色发展、循环发展、低碳发展为生态文明建设的基本途径，把绿色循环低碳要求贯穿到生产生活各个方面；四是实施重大生态修复工程，加强自然生态系统保护，加强污染综合防治，严格环保执法，切实改善环境质量；五是深化改

革创新，大胆探索实践，针对薄弱环节破解体制机制障碍，加快生态文明制度体系建设；六是积极培育生态文化载体，着力打造富有地域特色、民族特色的文化生态保护区，开展节俭养德全民节约行动，增强全社会资源环境意识，推动形成绿色消费模式，营造良好社会氛围。

(二) 完善体现生态文明建设要求的评价考核制度

完善《自治区党政机关、地级市领导班子和领导干部年度考核实施办法》，进一步加大资源消耗、环境保护、消化产能过剩等指标的权重，按照不同区域主体功能定位实行差别化的评价考核制度，对限制开发区域和生态脆弱的国家扶贫开发工作重点县取消地区生产总值考核。建议生态文明建设工作占党政实绩考核的比例不低于 25%（《国家生态文明建设试点示范区指标》规定为"≥22%"）。制定实施《自治区生态文明建设目标考核实施办法》，将生态文明建设综合考评指数优劣状况作为综合考核县（市、区）领导班子和领导干部的重要内容。探索编制自然资源资产负债表，对领导干部实行自然资源资产和资源环境离任审计，2016 年在石嘴山市和中南部地区选两个县（区）试点，适时推广。实施严格的水、大气环境质量监测和领导干部约谈制度，2017 年开始对全区各市县进行实时监测，对水、大气环境质量不达标和严重下滑、生态环境造成破坏的地方党政主要领导进行约谈或诫勉谈话。

(三) 加大产业经济结构调整的力度

在农业方面，重点发展高效生态农业和特色精品高端农业，不断推动优质粮食＋草畜、枸杞产业、葡萄"1+4"特色优势产业、瓜菜产业提档升级，大力发展"种养加一体化"循环农业，特别注重绿色、原产地、无公害认证等工作。鼓励"一县一业"，培育各具特色的区域支柱产业。坚守基本农田耕地红线，开展高标准农田建设，实施藏粮于地、藏粮于技战略，提高粮食产能，推进马铃薯主粮化；工业方面，推进新型工业化，实施《中国制造 2025 宁夏行动纲要》，促进工业化和信息化深度融合。以循环经济和清洁生产技术推动能源化工产业向精细化工方向发展，通过产业政策推动产业链的延伸。继续加大纺织生态园区建设，加快培育羊绒、棉纺、化纤、亚麻、服装等现代纺织产业集群，调整宁夏工业的轻重结构。实施过剩产能化解及落后产能淘汰计划，对国家和自治区限制的过剩产能，严控总量。对污染高、耗能高的落后产能，引导企业兼并重组、关停并转，对资不抵债、靠贷款和补贴过日子的"僵尸企业"，完善退出机制，实现市场出清。服务业及推进信息化产业方面，全面推行旅游服务标准化、智慧化，创建国家全域旅游发展示范区，加大国家风景名胜区建设和保护力度。建设宁夏国际航空物流园区和银川、石嘴山、中卫三大全国性现代化铁路物流基地。打造现代物流、健康养老等特色服务业。实施"互联网+"行动计划，把大数据产业作为宁夏的战略性产业，大力扶持西部云基地、电子商务、软件产业的产业发展。总体上要改造能耗高、污染重的传统产业，加快培育发展战略性新兴产业，重点发展节能、低耗、减污的高新技术产业。通过调整，使工业园区用地产值高于 60 亿元 / 平方公里，单位 GDP 能耗低于 0.5 吨标煤 / 万元。

重点推动发展环保产业。到 2020 年，使节能环保产业增加值占 GDP 比重高于 6%。一是不断推动防沙治沙、改善生态与产业发展的紧密结合，积极培育沙区农林、建材、能源、旅游等沙产业，化沙害为沙利，让企业和农民得实惠。二是以中关村（宁东）国际环保产业园落户宁夏为契机，进一步完善鼓励废物资源利用和可再生能源企业、环保技术开发、环保技术服务和商业服务企业发展的政策，鼓励企业提高废物的再利用、再制造和再循环，鼓励废物综合利用企业的发展，鼓励循环经济园和生态工业园的发展，重点开发区的再生资源循环利用率高于 50%。三是制订加快发展环保产业及促进环境污染治理的阶段性规划，围绕环境保护的供方市场和需方市场，制订与之配套的年度实施计划，使环保产业发展和环境污染治理相互融合，同步发展。

（四）进一步完善相关法规制度体系

一是落实《宁夏空间发展战略规划》和《加强耕地保护工作的通知》（宁政办发〔2015〕172号）划定的生态、耕地、水资源三条红线，完善红线区域保护制度体系，积极推进各类红线区域保护的立法进程，建立相关法规制度体系。二是探索建立资源环境价值评价体系、生态环境价值的量化评价方法。全面推行各类自然资源的有偿使用制度，加快资源产品价格改革，健全水资源、湿地、矿产资源开发的生态补偿机制。三是利用现有的公共资源交易系统建立生态保护交易中心，制定推行用能权、碳排放权、排污权、水权交易制度，政府制定规则、提供交易平台，推动市场的形成与公平竞争。四是完善环境保护管理制度，健全各类污染应急预案，强化环境保护部门的执法权，赋予环境执法强制执行的必要条件和手段。坚持铁腕治污，实施环境保护"蓝天、绿水、净土"三项行动。

（五）实施一批生态建设与污染防治重点工程

一是依托三北防护林、退耕还林、天然林保护等国家重点生态工程，实施天然林保护、水生态文明示范和主干道路、沿山沿河整治绿化"三大工程"，构建沿贺兰山东麓和"黄河金岸"两个生态景观工程。加强美丽乡村建设。二是实施污染防治重点工程。实施排污企业在线监测，严惩偷排超排行为。推进小城镇污水处理设施及配套管网项目；新建小区要有中水设施；所有产业园区实施污水处理工程，2020年实现产业园区污水集中处理，达标排放；实施大气污染防治工程，对燃煤电厂进行环保改造，加快淘汰老旧机动车，大力发展城市公交快轨，强化施工扬尘、矿山扬尘的监管；实施农业面源污染防治工程，实施土壤有机质提升、测土配方施肥、绿色病虫害防控等项目。三是实施生态保护扶贫工程。将生态环保与精准扶贫相结合，推动绿色生态为重点的产业开发。要在发展粮油、蔬菜、畜禽等传统产业的同时，大力发展特色优势产业，加快贫困村"一村一品"产业培育。设立自治区植树造林基金，扩大退耕还林的范围，加大对生态移民迁出区的生态修复工程的实施力度，以工代赈，设岗养人。

（六）打造富有宁夏地域特色、民族特色的生态文化

弘扬生态文化，是建设生态文明的重要切入点，重点以湿地保护文化、野生动物保护文化、森林旅游文化、古村落保护文化为切入点，在各市建设生态文化公园，积极开展以宣传生态文化为主题的文学、影视、戏剧、书画、摄影、音乐、雕塑等多种艺术创作，宣传倡导树立生态文明价值观，倡导先进的生态价值观和生态审美观。从社会公德、职业道德、家庭美德和个人品德入手，制定生态文明建设道德规范。通过世界水日、植树节、地球日、节能宣传周、低碳日、环境日、文化遗产日等活动，开展群众喜闻乐见的宣传教育。实现党政干部生态文明培训的全覆盖，不断壮大环保志愿者队伍，建立一批青少年生态文明教育社会实践基地，全面推进大中小学生生态文明教育，开展形式多样的生态文明知识教育活动。积极开展生态文明社区、机关、学校、军营、厂区等创建活动。推广闲置衣物再利用，狠抓餐饮环节浪费问题，大力推广文明餐饮消费习惯。积极引导城乡居民广泛使用节能型电器、节水型设备，选择公共交通、非机动交通工具出行。试点垃圾分类并逐步在全区推广。以广覆盖、慢渗透的方式逐步提高公众生态道德素养，使珍惜资源、保护生态、绿色消费成为全区人民的主流价值观。

宁夏美丽乡村建设研究

刘天明　　张耀武

党的十八大提出"大力推进生态文明建设，努力建设美丽中国"的奋斗目标以后，全国掀起了"美丽乡村"建设的热潮。为深入贯彻落实党的十八大、十八届三中全会、中央城镇化工作会议精神，自治区党委、政府积极应对经济下行压力和人民群众改善民生的强烈需求，组织实施了宁夏美丽乡村建设工程，有力促进了城乡一体化和农村城镇化的发展，农村人居环境得到了明显改善。但由于全区农村贫困面大、基础设施建设薄弱、城镇化发展水平较低，美丽乡村建设还面临着一些突出问题和薄弱环节。因此，如何加快宁夏美丽乡村建设步伐，走出一条符合宁夏农村实际情况和特色的科学发展之路，亟需加强理论探索和实践研究。

一、宁夏美丽乡村建设现状

"十二五"以来，宁夏坚持把加快推进新型城镇化发展作为转变发展方式、调整经济结构、增强发展动力、扩展发展空间的重大战略，先后实施了塞上农民新居、幸福村庄、美丽乡村等一系列建设工程，农村人居环境

作者简介：刘天明，宁夏社会科学院副院长，研究员，主要从事宁夏地方史志及伊斯兰经济思想研究；张耀武，宁夏社会科学院综合经济研究所研究员，主要从事农村经济扶贫开发研究。

改善取得了显著成效。

（一）宁夏美丽乡村建设的现实需求

宁夏全区下辖 5 个地级市 11 个县、2 个县级市、9 个市辖区。截至 2016 年年底，全区设有 90 个乡、102 个镇、44 个街道办事处 2271 个行政村和 501 个居委会。常住人口 674.9 万人，比上年末增加 7.0 万人。其中，城镇人口 379.9 万人，占常住人口比重 56.29%，比上年提高 1.07 个百分点。人口出生率为 13.69‰，死亡率为 4.72‰，人口自然增长率为 8.97‰，比上年提高 0.93 个千分点。①按照自治区党委、政府 2014 年 7 月出台的《宁夏美丽乡村建设实施方案》要求，宁夏将把城乡一体化作为美丽乡村建设的战略方向，构建布局合理、功能完善、质量提升的美丽乡村发展体系。计划到 2017 年，全区 52% 的乡镇和 50% 的规划村庄达到美丽乡村建设标准；到 2020 年，全区所有乡镇、90% 的规划村庄达到美丽乡村建设标准。按全区现有乡镇和行政村建制计算，到 2017 年需要完成 100 个乡镇、1140 个美丽乡村的建设任务；到 2020 年需要完成 193 个乡镇、2053 个美丽乡村的建设任务。

（二）宁夏美丽乡村建设的现实基础

"十二五"期间，宁夏先后组织实施了特色小城镇、塞上农民新居、幸福村庄、农村危窑危房改造、农村环境综合整治、美丽乡村等一系列建设工程，农村人居环境得到了明显改善。

1. 村镇规划建设管理得到加强

2014 年，自治区首次在全区 193 个乡镇设置了村镇规划建设管理机构，建立了专门的村镇规划建设管理员队伍，配备了 260 多名村镇规划建设管理员，组织开展了乡（镇）规划和村庄规划编制工作、受理建设申请、监督规划实施、落实自治区和市、县（区）下达的重点工作计划等，

---

① 宁夏回族自治区统计局，国家统计局宁夏调查总队编：《宁夏经济要情手册（2016）》，银兴出管字〔2017〕第 11—633 号，2017 年 4 月，第 77—79 页。

在全国率先实现了村镇规划建设管理全域覆盖。

2. 环境综合治理深入实施

"十二五"期间，宁夏作为西北地区唯一被列入全国首批农村环境连片整治示范省区，开展了农村环境连片整治工作，统筹抓好住房、道路、用水、排污、生态等基础配套建设，深入开展主干道路大整治大绿化工程，创建生态村镇、社区，努力建设设施配套、产业支撑、规模适度、生态优美的清洁田园和美好家园。累计建成新村 365 个，综合整治旧村 1880个，建设改造小城镇 69 个，基本实现了道路、供排水、清洁能源、垃圾处理和优美环境"五到农家"的建设目标。

3. 危窑危房改造惠及百万农民

进一步加大投入，以整村推进为主要方式，加快农村危房危窑改造步伐，截至 2017 年 10 月，全区共完成农村危窑危房改造 42.7 万户，惠及140 多万农村贫困人口。

4. 美丽乡村建设持续推进

2014 年 7 月，自治区党委、政府出台了《宁夏美丽乡村建设实施方案》，组织实施了规划引领、农房改造、收入倍增、基础配套、环境整治、生态建设、服务提升、文明创建"八大工程"。按照山川有别，因地制宜，适度集中，分类推进的原则，遵循城乡差异化的发展规律，注重保留乡土味道和民族特色的乡村风貌，积极组织开展了美丽乡村建设活动。截至2017 年 10 月，已组织建设交通节点型、旅游度假型、加工制造型、资源开发型、商贸流通型等各具特色的美丽小城镇 110 个，打造田园美、村庄美、生活美、风尚美的美丽村庄 490 个，全面完善水、电、路、气、污水、垃圾处理等基础设施，促进产业、人口向小城镇和中心村集聚，为全面开展美丽乡村建设积累了丰富的经验。

5. 城乡一体化管理体制机制逐步完善

"十二五"期间，自治区出台了《宁夏回族自治区镇村布局规划指导意见（2012 年)》和《宁夏村庄布局规划编制内容及要求（2014 年)》，先后组织编制了《宁夏回族自治区镇村体系规划（2012—2020)》《宁夏村庄布局规划（2013—2030 年)》《宁夏农村危窑危房改造实施方案（2014—2017 年)》和《宁夏美丽乡村建设实施方案》等，统筹推动城市基础设施向农村延伸、公共服务向农村覆盖、现代文明向农村辐射，健全乡村道路、供电、供排水等基础设施和教育、医疗、社保等公共服务设施建设，运行维护长效管理制度，逐步推行农村垃圾"村收集、乡运输、县处理"的村容村貌管理新模式，城乡一体发展的体制机制逐步完善。

二、宁夏美丽乡村建设中存在的问题

宁夏美丽乡村建设领导重视，推进有力，但仍存在规划体系不完善、村镇空心化加剧、建设资金投入不足、重建轻管、缺乏产业支撑等一系列问题，需要各级党委、政府深入调查研究，积极协调解决。

（一）规划体系不完善，地方特色不明显

虽然自治区出台了《宁夏美丽乡村建设实施方案》和《宁夏回族自治区镇村体系规划（2012—2020)》等规划，但由于美丽乡村建设推进时间短、任务重，全区各乡、镇美丽乡村建设规划编制滞后，加之各地经济社会发展规划、城乡建设规划、土地利用规划"三规合一"起步晚，对传统村落文化保护重视不够，导致部分美丽乡村建设与当地自然条件和历史传统文化结合不紧、产业发展方向定位不准、地方特色体现不足，村庄原有优势条件未得到有效利用。

在村庄布局调整中，美丽乡村建设新增了公共服务设施建设项目，增加了农村建设用地指标，但因国家实行严格的耕地保护制度，现有美丽乡村建设用地指标难以满足实际需求。在农民住宅建设中，部分地方过分强调集中布局、整齐划一，粮食打碾贮存用地、小型农机具停放场所用地、种菜用地等配套建设规划不完善，不能满足农民生产生活的实际需要。

（二）人口流动两级分化，村镇空心化加剧

尽管宁夏城镇化率已达到 56.29%，但从产业聚集度来看，真正能够带动产城一体化发展的小城镇发展严重滞后。随着城镇化的快速发展，人口流动两极分化严重，一边是城市和大县城（县镇）人口急剧增加，一边是小乡镇、农村空心化问题严重。乡村常住人口由 2010 年的 395.5 万人减少至 2016 年的 295.0 万人，农村人口减少了 25.41%，行政村数量由 2695 个减少至 2271 个，减少了 15.73%。究其原因，一是小乡镇建设缺乏有效投入，生产生活基础设施建设滞后，特别是南部山区各县（区）城镇化水平普遍偏低，小乡镇供排水、道路硬化、绿化、供电、通讯、公厕、停车场、集中供热、污水处理等基础设施建设不配套，严重制约了小乡镇对人口的集聚作用。二是小乡镇缺乏主导产业支撑，城镇集聚能力不强。三是由于行政村合并、小庄点撤并、征地拆迁、土地流转、外出务工等因素，大量年轻人向城市流动，导致农村空心化加剧，农村留守人口老龄化现象严重，大量优质土地资源撂荒，农村住宅闲置，严重影响村容村貌和农村环境，农村的养老、医疗、交通等公共服务问题也随之凸现。

（三）乡村基础设施薄弱，建设资金投入不足

宁夏农村普遍存在村庄建筑陈旧、基础设施落后、社会服务功能不全、居住环境差等现象，旧村改造任务重、难度大。从 2013 年开始，自治区平均为每个美丽小城镇建设投入资金 1300 万元、每个美丽村庄建设投入 100 万元，虽对改变美丽乡村的基础设施条件发挥了巨大的保障作用，但由于乡村基础设施建设历史欠账多，每个特色小城镇基础设施建设需投入 1.0 亿元至 1.5 亿元、每个美丽村庄基础设施建设需要投入 500 万元至 3000 万元（依据村庄大小和居住人口的多少而有不同），社会融资又比较困难，在没有其他资金投入的情况下，仅靠政府资金投入远远不能满足美丽乡村建设的需要。

（四）农民主体作用发挥不够，重建设轻管理现象严重

美丽乡村建设成果后续管理服务不到位，村民自治和农民主体作用发挥不够，重建设轻管理的现象比较突出，极大地影响了美丽乡村建设的成效。特别是公共服务管理资金匮乏，农村公共服务设施，如村民活动广场、村道、排水渠、公交车站点、农村垃圾桶、垃圾站等设施设备和环境卫生管理缺乏长效机制，导致设施设备损坏严重，环境卫生脏、乱、差现象依然存在。

（五）产业发展缺乏项目支撑，生态建设滞后

在美丽乡村建设过程中，大多注重农村基础设施建设，重点规划建设了农村道路、饮水设施、庄点改造、住房建设、公共设施建设等，对产业发展虽然有规划，但缺乏项目支撑。农业生产仍以自给为主，商品性农业生产缺乏目标市场研究，农业产业化发展投入严重不足，特别是宁夏南部山区，由于农业基础薄弱、自然条件严酷，干旱、冰雹、霜冻等自然灾害频繁发生，产业结构不尽合理，综合生产能力不强，靠天吃饭格局尚未完全改变。生态移民迁入区由于土地面积有限，农民文化素质不高，产业发展投入资金少等制约因素，产业发展缺乏项目支撑。

生态建设滞后，生态保护与发展经济之间的矛盾还比较突出。一些乡村为了发展经济，产业发展项目的引进和实施往往以损害生态环境安全为代价。还有一些地方为了发展经济，不注重生态环境建设，不注重保留田园风貌。

（六）农村产权制度不健全，土地管理存乱象

随着城镇化的发展，山川农村闲置住宅、无人耕种承包地等大量出现，但由于农村房屋产权、土地承包经营权等产权制度不健全，闲置民宅和承包耕地无法处置。据宁夏国土资源厅 2013 年普查统计，宁夏全区无人居住的闲置住宅达 56908 户，既占用了大量土地资源，又制约了整村环境整治。由于管理无序，存在随意对外承包、转包甚至非法买卖土地等行

为，土地承包合同不规范，合同内容过于简单，80%以上的合同没有备案。农户相互间的转包、转让很多为私下约定，有时出现多头出让承包土地，交叉重复出让土地，且地界不清、权属不明，为今后产生不必要的产权纠纷埋下了隐患。

许多农民已经进城居住但不愿意在城镇落户，造成农村"空挂户"现象普遍，不利于社会管理服务工作开展。同时，由于户籍制度和社会保障制度改革相对滞后，城乡二元壁垒依然存在。

（七）社会事业发展滞后，优质公共资源严重不足

在城镇化快速发展的背景下，农村教育、医疗等社会事业急剧萎缩。

一是农村教育质量大幅下滑。在农村学校校舍建设逐步规范、办学条件大幅改善的同时，由于师资力量薄弱，导致农村教育质量大幅下滑，迫使大多数农村适龄儿童为了接受优质教育而转入大县城或小城镇就学，一方面，造成了城镇校舍紧缺、大班额现象长期存在；另一方面，造成农村学校校舍大量闲置、资源浪费。同时，为了陪同孩子就学，大量家长在城镇学校周围租住，既增加了家庭负担，又造成了大批劳动力的浪费，严重影响农户的家庭收入和生活质量。

二是农村医疗事业发展严重滞后。虽经历了多年来的医疗卫生事业改革，但农村医疗条件并未得到较大改善，大多仅仅建设了村卫生室，而医务人员大多仍为大集体时代的赤脚医生，既缺乏现代医疗技术，又缺乏必要的医疗设备。乡镇卫生院虽配备了较为完善的医疗设施设备，但医务人员配备数量少、技术差，更缺乏医疗技术过硬的医务人员和先进的诊疗手段，导致农村居民小病进县城，大病进省城，既花钱又误事，农民看病难、看病贵的问题仍然普遍存在。

三是农村文化事业发展滞后。在美丽乡村建设过程中，各地注重了文化广场的建设，但农村文化设施、设备严重不足，缺乏必要的文化娱乐设施和设备，互联网虽已进村，但入户线路建设严重不足，农村文化生活还

很贫乏。

三、加快推进宁夏美丽乡村建设的对策建议

加快推进城镇化背景下的宁夏美丽乡村建设，必须认真贯彻落实党的十八大提出的"城乡发展一体化是解决三农问题的根本途径"和党的十九大报告提出"实施乡村振兴战略"的目标要求，结合宁夏区情，以统筹城乡发展为核心，高起点规划、高标准建设，打造西部地区美丽乡村建设的典范。

（一）坚持因地制宜、顺势而为的基本原则

规划不仅是一切建设的基础，更是发展的先导和最大的生产力。习近平总书记指出，推进农村人居环境整治，关键是要做到规划先行，哪些村保留、哪些村整治、哪些村缩减、哪些村做大，都要经过科学论证[1]。宁夏美丽乡村建设的发展，必须坚持规划先行、突出地方特色、因地制宜、顺势而为的基本原则。

1. 坚持规划先行，完善村庄功能

各市、县（区）必须依据自治区出台的《宁夏美丽乡村建设实施方案》和《县域镇村体系规划（2013—2020）》，高标准编制城乡一体化发展的美丽乡村建设规划，与城镇体系规划共同形成以"区域中心城市—大县城—小乡镇—中心村"为骨架的城乡规划体系，加强县域村庄布局规划与土地利用总体规划、城镇体系规划、基础设施建设规划的相互衔接，合理确定村庄布局、人口规模、功能定位、发展方向，避免重复建设和大拆大建，做到村庄内的生活、生产、生态等功能合理分布，服务设施合理布局。

2. 注意突出地方特色，保留乡村田园风貌

乡村传统文化是中华文明的延续，是人类生存繁衍发展的根基。美丽

---

①夏宝龙：《夏宝龙：美丽乡村建设的浙江实践》，人民网，http://cpc.people.com.cn/n/2014/0301/c64102-24499898.html，2014年3月1日。

乡村建设不但要让广大农民群众享受到现代文明的丰硕成果，更要延续底蕴深厚的传统文化。只有结合乡村特色发展起来的"美丽乡村"，才能在发展的道路上走得更远更稳健①。特别是宁夏南北山川经济发展水平差异显著，地形地貌、生活习俗、传统文化也各不相同。因此，在美丽乡村建设过程中，一定要坚持因地制宜、顺势而为的基本原则，高度重视村落传统文化的保护与传承，在特色上做文章，在内涵上下功夫，不能千篇一律，生搬硬套外地经验。

（二）树立典型，构建美丽乡村建设体系

在美丽乡村建设中，应及时总结先进典型经验，组织现场观摩学习，积极构建美丽乡村建设体系。

1. 构建舒适的农村生态人居体系

按照"规划科学布局美"的要求，以改善农民居住、生活条件为目标，推进中心村培育、特色村庄建设和农村住房改造。如银川市兴庆区掌政镇强家庙中心村，通过美丽乡村生态人居体系建设，房屋错落有致，巷道干净宽阔，菜园、果园、林地布局合理，环境优美。

2. 构建优美的农村生态环境体系

按照"村容整洁环境美"的要求，突出重点、健全机制，切实抓好农村道路、改水、改厕、垃圾处理、污水治理、村庄绿化等项目建设，提升建设水平。如同心县王团镇沟南村，通过生态环境体系建设，村内硬化道路整齐平坦，路旁树木林立，院落富有民族风情，庭院硕果盈枝。

3. 构建高效的农村生态产业体系

按照"创业增收生活美"的要求，以促进农民增产增收致富为目标，因地制宜，推进农村产业集聚升级。如平罗县姚伏镇通过大力发展供港蔬菜、外销西红柿、优质稻米、水产养殖、休闲农业等六大支柱产业，实现

①张平，刘毅，刘煜，姜华帅著：《浙江省"美丽乡村"建设发展刍议》，《"三农"论坛》2014年第25卷第5期。

了由农业重镇向农业强镇的转变。

4.构建和谐的农村生态文化体系

按照"乡风文明身心美"的要求，以提高农民群众生态文明素养、形成农村生态文明新风尚为目标，加强生态文明知识普及教育，积极引导村民追求科学、健康、文明、低碳的生产生活和行为方式，构建和谐的农村生态文化体系。如同心县在全区率先启动了以专业村、平安村、文明村、生态村、无毒村"五位一体"为内容的"美丽村庄"创建活动，成功创建了王团镇沟南村、丁塘镇新华村和张家塬乡汪家塬村等一批"美丽村庄"，重现了"路不拾遗，夜不闭户"的文明古风。

（三）重点突破，分步推进美丽乡村建设

在美丽乡村建设中，特色小城镇建设成效显著，得到了广大农民和商家的拥护与支持，政府投入拉动了大量社会资金投入，加快了特色小城镇建设进度。因此，要采取"重点突破、分步推进"的策略，大力加强特色小城镇建设，分步推进美丽乡村建设。

1.集中投资，大力加强小城镇建设

重点扶持建设一批休闲旅游型、商贸流通型、产业开发型、资源开发型、交通枢纽型等各具特色的美丽小城镇，完善城镇功能，增强人口集聚能力，吸引农村人口向特色小城镇集聚，引导农民实现"离土不离乡，就业不离家，务工不进城，就地城镇化"。

2.稳扎稳打，分步推进美丽乡村建设

由于城镇化的快速发展，农村人口仍在大量向城镇集聚，农村空心化仍在持续，因此美丽乡村建设不能遍地开花，应先选择部分有发展前景的重点中心村进行试点示范，再视发展情况推进一般中心村和普通村的美丽乡村建设。

（四）部门联动，建立多元投入机制

美丽乡村建设是一项系统工程，是集经济建设、社会建设、文化建

设、政治建设和生态建设于一体的综合建设，其内涵和外延触及农村经济社会建设的方方面面，涉及部门众多，所需资金巨大，必须通过加强部门联动，把住房、道路、供水、排污、生态、产业发展等建设内容统筹安排、统一管理，力争多元投入，才能实现建设效益最大化。

1. 切实加强部门联动

自治区各部门要按照八大工程明确分工，落实责任，密切配合，齐心协力推进美丽乡村建设。市县是美丽乡村建设的责任主体和组织实施主体，要加强对美丽乡村建设工作的组织领导，市级政府要高度重视统筹协调，县（市、区）级政府要做到统一部署，全力推动。

2. 建立多元投入机制

各级政府要积极引导、支持与鼓励市场化运作，建立政府、企业、公众参与的多元化投入机制，确保美丽乡村建设资金投入充足。当前，美丽乡村建设资金主要依靠自治区财政投入，地方配套资金普遍不足，负债较重。为此，要在政府投入的基础上，采取市场化运作手段，发挥财政资金"四两拨千斤"的引领撬动作用[1]，吸引社会各方投资参与美丽乡村建设。同时，要加强政府投入建设资金监管，坚决杜绝浪费，实现建设资金的合理应用与效率最大化。

（五）以人为本，规范管理运行模式

美丽乡村建设要坚持以人为本，始终把农民群众的利益放在首位，充分发挥农民群众的主体作用，尊重农民群众的知情权、参与权、决策权和监督权，凡是没有得到80%农户支持的项目，应暂缓实施，待进一步调查摸底，找出原因，再行决策。应实行"一村一策"，充分调动农民参与美丽乡村建设的积极性，防止大拆大建，杜绝人为浪费，真正让美丽乡村建设成果惠及广大农民。

---

①中国新闻网：《财政部决定从今年起启动美丽乡村建设试点》，中国新闻网，http://www.chinanews.com/gn/2013/07-10/5025567.shtml，2013 年 7 月 10 日。

1. 坚持"先规划、后实施"的建设方式

要从群众反映最迫切、最直接、最现实的环境卫生、村庄道路、生产生活供水工程等基础设施配套入手，科学编制村庄规划，大力培育建设现状条件较好、人口规模较大、具有较大发展潜力的中心村，强化农村规划、建设和质量安全管理工作，推广使用抗震安全、绿色宜居的农村住宅建筑设计方案，逐步引导农民向中心村集中。

2. 建立"三分建、七分管"的长效机制

要全面整治农村生产生活环境，村庄道路、供排水、垃圾和污水治理等公用设施的运行管护，要做到有制度、有资金、有人员，要积极探索建立县乡财政补助、村集体补贴、住户适量付费相结合的管护经费保障制度，建立专业管护队伍，确保美丽乡村建设成果可持续发挥作用。

3. 推行"四化一核心"的工作机制

积极推行以村党组织为核心的民主选举法制化、民主决策程序化、民主管理规范化、民主监督制度化为内容的农村工作机制，构建农村和谐利益关系，有序引导农民合理诉求，有效化解农村矛盾纠纷，维护农村社会和谐稳定。

（六）发展地方特色产业，培育特色文化村

产业发展是推进美丽乡村建设顺利进行的重要支撑条件。在美丽乡村建设中，应大力发展地方特色产业，加快推进农村土地流转，促进土地向种养大户、龙头企业和合作组织集中，提升农村土地产出的规模效益。加强传统村落保护，培育特色文化村。

1. 加快发展地方特色产业

在推进农村传统产业发展的基础上，应充分挖掘地方特色，对有条件的乡村进行特殊规划和治理，打造农家特色景区，发展乡村生态旅游业。充分挖掘各地农村保留的独特技艺，如民间艺术品、回族服饰、民族蜡染、剪纸、刺绣、栽绒毯、贺兰石工艺品等民俗手工艺品，发展特色手工产业。汲取民族文化之精粹，积极引导文化企业参与开发，发展集美术、音乐、摄影、影视、戏剧创作为一体的少数民族文化创意产业。发展乡村特色手工产业和文化创意产业，不但能够带动村民增收致富，也有利于促进地方文化旅游业和经济发展。

2. 积极发展生态农业和中医药产业

保护农业生态环境，科学合理开发利用自然资源，有效提高农业生产效率，促进生态系统良性循环。宁夏南部山区气候湿润、冷凉，适宜种植冷凉蔬菜和黄芪、甘草、秦艽、独活、黄芩、水飞蓟、柴胡等中草药，应积极发展冷凉蔬菜、马铃薯等生态农业和中药材种植产业，对推动乡村经济发展具有重要意义。

3. 培育特色文化村

美丽乡村建设要充分展示地方文化特色，应编制地方特色文化村落保护规划，建立传统村落保护名录，制定保护政策，加强传统村落保护。在充分挖掘和保护古村落、古民居、古建筑、古树名木和民俗文化等历史文化遗迹遗存的基础上，推广乡村特色民居建设，优化美化村庄人居环境，把历史文化底蕴深厚的传统村落培育成传统文明和现代文明有机结合的特色文化村，把民族气息浓郁的少数民族聚居村庄培育成独具风情的民族特色文化村，弘扬生态文明理念。

（七）深化改革，消除城乡二元结构

深入推进农村产权制度改革和城乡户籍制度改革，加快推进城乡一体化发展，逐步消除城乡二元结构。

1. 推进农村产权制度改革

以全面激活农村居民财产权为抓手，活化用益物权，拓展农民增加财产性收入的渠道。一是在完成全区土地确权登记颁证的基础上，赋予农民对承包地占有、使用、收益、流转及承包经营权抵押、担保权能，鼓励农民以承包经营权入股发展产业化经营。二是加快推进农村房屋产权制度改革，完成农村宅基地和房屋产权确权登记及"两证合一"（农村宅基地使用权证和房屋产权证）发证工作，逐步建立农村宅基地和房屋产权有偿退出机制，允许农民确权颁证的宅基地和房屋产权有偿退出。三是要建立农村产权流转交易中心，完善农民住房财产权抵押、担保、转让机制，让农民持证交易、抵押融资，提高农民财产性收入。四是要成立农村土地仲裁委员会，调处土地确权、交易、流转过程中产生的各类矛盾。五是要加强严格管理，规范土地承包合同，严格备案制度，严禁农户私自转包、转让承包土地，土地流转必须经过农村产权流转交易中心办理流转手续。农户私自进行的土地转包、转让一律不予承认。

2. 加快城乡户籍制度改革

2014 年 7 月 30 日，国务院印发了《关于进一步推进户籍制度改革的意见》，标志着进一步推进户籍制度改革开始进入全面实施阶段，宁夏于2015 年出台了《关于进一步推进户籍制度改革的实施意见》（宁党办〔2015〕8 号），各市先后制订了实施方案，全区实施了城乡统一的居住证制度。但在建设美丽乡村的过程中，如何破除城乡二元结构，加快推进城乡一体化，不仅仅是建立城乡统一的新型户籍登记管理制度，取消农业户口，而是要建立城乡统一的社会治理体制机制。首先，要完善城乡统一的社会保障体系，逐步将农村劳动力纳入城镇职工社会保障系统。其次，要健全将进城落户农民完全纳入城镇住房保障体系的机制，制定进城务工农民申请住房保障的条件、程序和轮候规则。再次，要建立城乡一体化的公共服务体系，努力实现城乡公共服务均等化的目标要求，这是一项艰巨的任务，也是美丽乡村建设工作中的难点和重点。

（八）加大投入，加强农村公共服务体系建设

农民最关心的是住房、就医、就学、养老、增收、减负等问题，农村教育、医疗卫生、文化三项公共服务是重中之重，必须要加大投入，加强农村公共服务体系建设。

1. 切实提高农村教育质量

要切实提高农村教师待遇水平，吸引青年教师到农村任教，开展城乡学校结对活动，促进优质教育资源向农村流动，满足农村适龄少年儿童就近就地接受基础教育的需求。大力发展农村职业教育，加大农村劳动力职业技能培训力度，着力培养新型农民，实现从体能型向智能型、技能型转变。

2. 切实提高农村基本医疗服务水平

加强乡镇农村医务人员的配备和培训工作，切实提高农村医务人员的专业技术水平，真正实现普通疾患就近就医，减轻农民就医负担。

3. 大力发展农村文化事业

加强农村文化设施、设备的建设投入，推进农村文化事业发展。实施互联网入户建设，努力推进农村信息化发展，使广大农民享受信息化发展的成果。

参考文献

[1] 温铁军著：《中国新农村建设报告》，福建人民出版社，2010年。

[2] 唐珂著：《美丽乡村——亿万农民的中国梦》，中国环境出版社，2013年。

[3] 李兵弟著：《务实推动美丽乡村建设》，《小乡镇建设》2013年第2期。

[4] 和沁著：《西部地区美丽乡村建设的实践模式与创新研究》，《经济问题探索》2013年第9期，第187—190页。

[5] 汪彩琼著：《新时期浙江美丽乡村建设的探讨》，《浙江农业科学》2012年第8期，第1204—1207页。

[6] 赖福东著：《科技创新为美丽乡村建设提供强大支撑》，《经济研究导刊》2014年第9期，第20—21页。

[7] 谭艳平，张艳荣著：《宁夏新农村建设未来发展趋势的分析》，《浙江农业科学》2013年第4期，第478—481页。

宁夏生态补偿制度评价
及完善路径选择

方兴义

宁夏是我国生态安全战略格局"两屏三带一区多点"中"黄土高原—川滇生态屏障""北方防沙带"和"其他点块状分布重点生态区域"的重要组成部分，是我国西部重要的生态屏障，在中国生态安全战略格局中具有特殊地位，生态区位十分重要，保障着黄河上中游及华北、西北地区的生态安全。

近年来，对生态补偿的制度研究已经成为生态环境建设领域的热点问题之一，国内外许多学者对此问题进行了大量的理论研究和实践探索。西部地区是中国生态文明建设的难点、重点、关键，如果西部生态环境保护搞不好，全国的可持续发展就无法实现。生态补偿的受偿地区一般为贫困地区，宁夏作为贫困的民族地区，其生态效率水平、经济发展水平和资源利用效率都较低，虽然实施了一些生态补偿政策，但还仅处于探索阶段，相关制度仍需要大力完善。因此本课题通过对宁夏现有生态补偿制度的评价，指出生态补偿过程中存在的问题，更深入理解经济发展—人类行为—制度安排之间的关系，并对生态补偿制度进行完善，旨在探讨区域物质资

作者简介：方兴义，宁夏师范学院政治与历史学院副院长，副教授，主要从事区域经济发展与自然灾害防治研究。

本、人力资本、生态资源的时空变化，构建以政府为主导、市场推动、公众参与的生态环境保护体制，为实现宁夏良好的生态环境进行有益的探索。同时为中国西部退耕区培育新的经济增长点，为农民增收开辟新的途径，从根本上解决农民收入问题，最终实现由短期较优到长远期最优、由局部较优到全区最优的整体获得持续生态利益最优的过程。

总之，研究宁夏生态补偿制度评价及完善路径选择，对我国西部地区逐步实现生态补偿的规范化、标准化、动态化有一定的示范作用和实践价值，同时可以为宁夏实施精准扶贫提供重要的参考依据。

一、宁夏生态补偿制度的现状

（一）宁夏退耕还林工程建设情况

宁夏自 2000 年实施退耕还林工程以来，共完成营造林 1305.5 万亩，中央累计兑现退耕还林补助资金 106.16 亿元。工程覆盖宁夏除青铜峡市以外的 21 个县（市、区）及宁夏农垦系统，惠及 32.32 万退耕农户、153 万退耕农民。退耕农户人均退耕还林 3.1 亩，人均享受政策补助 4916 元。

（二）退耕还林政策补助情况

1.国家退耕还林（草）补偿标准

国务院国发〔2002〕10 号文件和《退耕还林条例》规定，退耕还林的粮食、资金补助标准及期限为：长江流域及南方地区，每亩退耕地每年补助粮食（原粮）150 千克；黄河流域及北方地区，每亩退耕地每年补助粮食（原粮）100 千克。每亩退耕地每年补助现金 20 元。粮食、现金补助年限及还草补助按 2 年计算；还经济林补助按 5 年计算；还生态林补助暂按 8 年计算。

根据国务院办公厅〔2004〕34 号文件规定，从 2004 年起，出于粮食安全问题，将退耕户补助的粮食改为现金补助。中央按每公斤粮食（原粮）1.4 元计算，具体补助标准和兑现办法由省级政府根据当地实际情况确定。

2007年，国务院国发〔2007〕25号文件，经国家阶段验收合格的退耕造林地，生活补助70元/亩·年，管护费20元/亩·年，再补助8年。

2014年8月，《新一轮退耕还林还草总体方案》发布，标志着国家新一轮退耕还林工程正式启动。新一轮退耕还林的补偿标准不再区分南方地区和北方地区，而是按统一的标准补偿。共计补偿1500元/亩，第一年800元（包含300元种苗造林费），第三年300元，第五年400元，平均下来为300元/亩·年，即新一轮的国家补偿标准为每年每公顷4500元。

国家对退耕还林实行省、自治区、直辖市政府负责制，地方政府在退耕还林钱粮兑现政策上有具体的实施办法，各省（区、市）在实际操作中有所不同。

2.宁夏退耕还林（草）补偿标准

结合国家政策，根据《退耕还林条例》的规定，2003年，自治区政府制定了《关于进一步完善退耕还林粮食供应政策措施的意见》（宁政发〔2003〕12号），2000—2003年，每亩补助100千克原粮（其中小麦60%，玉米30%，稻谷10%），2004年，自治区政府下发《宁夏回族自治区人民政府办公厅关于退耕还林粮食补助办法的通知》（宁政发〔2004〕102号），从2004年起，川区以现金形式兑现，山区实行补粮补款相结合的方式兑现（其中粮食30%，现金70%）。除此之外，2002年，宁夏财政厅、宁夏林业局联合制定了《宁夏回族自治区人退耕还林工程现金补助资金管理办法实施细则》（宁财（农）发〔2002〕1173号），明确生活补助20元/亩·年，现金通过"一卡通"形式直接拨付给退耕农户。

2008年，根据宁财（农）发〔2008〕273号文件和宁粮发〔2008〕66号文件，对山区2001—2006年实施的退耕地，按每亩补助90元和30千克粮的标准向退耕农户兑现，其他地方按国家标准执行。

（三）调查结果分析

本课题研究对象仅以宁夏南部山区为例，选取了同心县下马关镇，原州区开城镇，海原县红羊乡与甘城乡，彭阳县小岔乡、草庙乡与王洼镇，隆德县奠安乡、陈新乡与沙塘镇，西吉县震湖乡与平峰乡等12个乡镇，主要针对退耕还林（草）前后主要指标变化，生态补偿变化情况等进行了调查和访谈，虽然有一定的局限性，但也可以说明部分问题。

1.调查对象的受教育程度

本课题共调查447户（见表1），共计1908人，其中有劳动能力的1570人，无劳动能力的338人。从具体受教育程度（见表2）可以看出，被调查者的受教育水平低下，专科及以上仅占总人数的14.78%。

表1　调查对象基本信息

调查乡镇	所属县区	户数
下马关镇	同心县	31
开城镇	原州区	40
小岔乡	彭阳县	35
草庙乡	彭阳县	50
王洼镇	彭阳县	48
震湖乡	西吉县	51
平峰乡	西吉县	25
沙塘镇	隆德县	29
奠安乡	隆德县	30
陈新乡	隆德县	50
红羊乡	海原县	29
甘城乡	海原县	29

表2　受教育程度统计表

受教育程度	文盲	小学	初中	高中	本科及本科以上	专科及专科以上
人数	222人	604人	440人	301人	200	82人

2. 退耕前后各项指标的比较

由表3可以看出，土地总面积、农业生产收入、粮食总产量、粮食单产退耕前后比较都呈下降趋势，打工时间、打工收入、年总收入、居住条件变化等指标呈上升趋势。在实施退耕还林工程之后，农民的家庭收入结构产生了一定的变化。退耕还林工程间接地促进了农村劳动力的向外移动。

表3 退耕前后各项指标比较

主要指标		退耕前	退耕后
土地总面积(亩)	总计(亩)	11673.7	5940.6
	平均(亩/户)	26.12	13.29
农业生产收入(元)	总计(元)	4616946	3302532
	平均(元/户)	10328.74	7388.21
打工时间(天)	总计(天)	47560	80680
	平均(天/户)	106.40	180.49
打工收入(元)	总计(元)	3427660	11236550
	平均(元/户)	7668.14	25137.70
年总收入(元)	总计(元)	8426970	16131823
	平均(元/户)	18852.28	36089.09
粮食总产量(斤)	总计(斤)	3389758	2091577
	平均(斤/户)	7583.35	4679.14
粮食单产(斤/亩)	总计(斤)	121955	157164
	平均(斤/亩)	272.83	351.60
房屋估价(元)	总计(元)	2560700	11490300
	平均(元/户)	5728.64	25705.37
居住条件变化 土地总面积(亩)		12砖瓦+423土木+28平房+3架子房+204窑洞+11砖木+383土房+172砖房+44土+砖+21土窑	189砖瓦+2平房+57架子房+242砖木+10楼房+195土木+96窑洞+773砖房+20土房+15窑洞+危房+3窑洞+土房+15土+砖+21土窑

注：退耕前后指标比较表中平均项按户计算。

3. 退耕还林（草）生态补偿变化情况

表4　退耕还林（草）生态补偿变化情况统计表

年　份		2000	2001	2002	2003	2004	2005	2006	2007
现金（元）	总(元)	22304	86399	117411	249096	412613	409385	432085	450753
	平均（元／户）	49.90	193.29	262.66	557.26	923.07	915.85	966.63	1008.40
粮食（斤）	总(斤)	122800	179252	268842	412097	453059	439986	382910	353260
	平均（斤／户）	274.72	401.01	601.44	921.92	1013.55	984.31	856.62	790.29
年　份		2008	2009	2010	2011	2012	2013	2014	
现金（元）	总(元)	499047	538646	509794	577527	564647	549733	520172	
	平均（元／户）	1116.44	1205.02	1140.48	1292.01	1263.19	1229.83	1163.70	
粮食（斤）	总(斤)	265955	201953	179952.6	28121.6	11781.25	2615	1280	
	平均（斤／户）	594.98	451.80	402.58	62.91	26.36	5.85	2.86	

由表4可以看出，补偿结构中现金比例大于粮食比例，平均每户现金补偿基本呈上升的趋势，平均每户粮食补偿基本呈倒"U"形曲线，先增加后减少。

4. 基本结论

（1）退耕前后生态环境大为改善。全区森林覆盖率由2000年的8.4%提高到目前的13.8%，南部山区植被覆盖度提高31.3个百分点。水土流失治理程度接近40%，每年减少流入黄河的泥沙4000万吨；荒漠化和沙化土地总面积分别减少349.5万亩和38.1万亩。现有的退耕还林资源每年可吸收二氧化碳469.8万吨，固定碳150.9万吨。

（2）退耕前后纯效益变化明显。从退耕前后经济效益来看，退耕前纯效益很低；退耕后投入到林业生产的成本很低甚至没有成本投入，国家政策性补助基本上是纯收入，所以退耕后的纯效益明显高于退耕前。

（3）非农收入显著提高。退耕后由于投入到林地的劳动力减少，大大解放了农村劳动力，使大量的农村劳动力转移到非农生产活动中。从调查来看，劳动力大多数是参加外出打工、经商、发展农副产业等活动。这样退耕农户的非农收入比退耕前有明显的增加，而且随着农闲时间的增加，农村的民间文化也得到进一步发展，农民的生活质量也得到了提高。

二、宁夏实施退耕还林生态补偿制度评价

（一）生态补偿方式单一，补偿标准低

目前，我国生态补偿主要有4种形式：政策补偿、资金补偿、实物补偿和智力补偿。现有的补偿方式重政府补偿而轻市场补偿，重行政性纵向补偿而轻区域间横向补偿，重经济补偿而轻技术补偿、智力补偿、发展权补偿，重总量补偿而轻结构性补偿。因此，效果有限，无法形成连续性补偿机制，未能真正帮助农民增强"造血"功能，无助于实现推动生态转型的目的。缺乏必要的技术指导和相应的就业指导，非农转化渠道不畅，一些退耕户的再就业存在一定的难度。

对于宁夏贫困地区的农户来说，由于多年以来形成的靠山吃山、靠水吃水的粗放生产方式和收入来源，再加上自身素质较低，使得单一的资金补偿，根本解决不了其基本生活，也不可能使生态保护的效益持续化。过低的补偿标准必然降低受偿者的生活水平，也无法帮助受偿者提升脱贫致富的能力，难以避免他们在补偿资金花费完后迫于生计而恢复原有的生产方式进而破坏生态环境的可能。

（二）生态补偿标准不够科学，标准制定中缺乏受偿者的主动参与，难以调动广大农户生态建设的积极性

政府在制定补偿标准时，缺乏科学的理论依据，忽略了不同地区经济发展水平和不同生态功能区其生态价值的差异，计算方法不科学，市场之外的生态价值难以体现出来。补偿标准应当以生态价值为基准，并兼顾受补偿区域的自然条件、经济发展水平、农业生产基础、市场供求关系等众

多因素，做到因地制宜、灵活调整。但是在实践中，政府往往忽略不同地区自然条件和经济条件的空间差异性，执行相似的补偿标准，如退耕还林项目的补偿标准，宁夏只区分山区和川区，过于笼统。这远远不能弥补农民因为保护环境而让渡的经济利益和发展权益。这种统一的退耕还林政策标准利于操作和快速推进，但不同地区经济发展水平、土地质量、农业基础设施等情况不尽相同，"一刀切"的补贴方式，对不同层次农户将产生不同影响，很容易导致农户利益受损的现象发生。

由于现行规定既未赋予农户在补偿标准设定过程中的参与权，又未确立生态补偿双方平等协商、谈判的有效机制，使补偿主体在具体补偿标准的设定方面权力很大，可以说垄断了补偿标准的确定，不可能充分地考虑受偿主体的利益诉求，难以保证受偿主体得到应有的补偿。这必然使受偿主体的损失无法完全从补偿中得到弥补。而这些损失，如果不是因积极响应政府提出参与生态补偿项目进而必须改变以往的生产方式或限缩生产规模的号召，农户根本就无需承担。所以，农户保护生态环境和进行生态建设的积极性必然受到极大挫伤。

（三）补偿资金来源单一

资金的丰裕与否直接决定了生态补偿制度能否顺利实施运行。目前，生态补偿所需的资金主要依靠政府买单，市场很少参与，其他主体也没有分担。"谁污染谁治理、谁开发谁保护、谁利用谁补偿、谁破坏谁恢复"是国家生态补偿领域所坚持的基本原则。污染（或破坏）环境者不承担修复环境责任、无需为其污染（或破坏）环境行为出资的状况，明显违背了生态补偿的基本原则。另外，政府的财力毕竟有限，能够用于生态补偿的数额更是有限，而生态补偿对资金的需求极其庞大，两者之间存在的资金缺口不可避免地会对生态补偿制度的顺利实施构成负面影响。无法体现不同地理环境、区域、生态价值、经济水平的差异性。

（四）缺乏相应的生态补偿评价制度和统一的制度原则

生态补偿实施过程中每个阶段目标实现与否，实施的措施和办法是否具有合理性，都没有一个评判标准。目前，学者只是将生态补偿立法原则与可持续发展原则、脱贫致富原则、生态环境保护原则等相关的实施办法原则进行了探讨，但对生态补偿制度的原则并没有达成统一的共识。生态补偿作为解决资源利用问题和资源利益平衡问题的重要经济手段，如果没有统一的制度原则和完整的评估、评价体系，生态补偿的实施程度和当地居民及相关利益群体的真实受益状况和满意度就不会高，将会导致生态补偿制度出发的不合理性和补偿制度实施的不可行性。

（五）其他问题

1.调查发现

农户认为政府补偿资金较少，不足以支持开销，生态补偿制度呈现"碎片化"状态，根本无法满足生态环境对生态补偿制度的要求；补贴现金及补贴粮食未能及时发放，有一定的拖延现象；补贴现金和补贴粮食的量与国家以及地方政策相比有一定缩水，疑似相关人员吃回扣，部分地方退耕补助款没有及时到位或者出现截留、扣发等现象；粮食补贴中，粮食质量差，有的粮食被老鼠咬过或有虫害；部分官员虚报谎报退耕面积，从中牟取私利，有严重的滥用私权、充腰包的现象。

2.访谈发现

有的地方退耕搞"一刀切"，划定一定的区域全部退耕，特别是公路沿线等地带，农民称之为"面子工程""形象工程"，其实其中有很多耕地不宜退耕。对于封山禁牧，大多数农户持支持态度，认为封山禁牧可以恢复生态环境，保持水土，而且经过近年的实施，取得了良好的效果，出现了很多不常见的动物，说明生物多样性得到了一定程度的提高，而且封山禁牧有利于畜牧业规模化发展；少部分农户不支持主要原因是封山禁牧使牧农没有足够的草料资源保障畜牧业的发展；退耕后农民为了节约成本，对林地的投入很少甚至没有投入，缺乏必要的管理，致使有的地区林木成活率很低。

3.对于封山禁牧的意见

封山禁牧力度不够，偷牧者时常可见，部分地区管制不严；封山禁牧罚款不合理，存有熟人不罚，或者乱罚款现象，没有一定的规章制度，罚款资金去向不透明，没有罚款的正规票据，会助长部分贪污腐败现象。

三、宁夏生态补偿制度的完善路径

生态治理的核心是制度，生态治理体系和能力现代化的核心是制度建设。鉴于宁夏生态补偿制度存在的不足，以及补偿过程中社会公平理念的缺失，笔者提出了宁夏生态补偿制度完善的初步设想。

（一）建立健全生态补偿的相关法律法规

生态补偿制度的良好运行要有完善的生态补偿法律法规作为支撑。生态补偿制度中必然会存在利益冲突，也就必然需要进行利益协调。法律制度是生态补偿的有力保障，也是生态建设得以可持续发展的重要保证。如果生态补偿仅停留在政策层面，不能形成完整而统一的规范性文件，则生态补偿的实施就必然存在许多限制及障碍。因此，有必要对生态补偿政策法律化，使生态补偿制度成为真正的法律制度，成为维护权益受损者的强有力的依据。

例如封山禁牧政策得到了广大民众的支持，但希望政府严格管理。对偷牧者罚款来说，是保障封山禁牧的一种手段，不是目的，应该有一个具体标准，罚多少农民可以接受，不是由看管人员说了算，重在教育不在罚款，希望政府官员或相关人员公正公平，合理罚款，罚金透明化，每一笔罚款都应该出示正规的票据，让老百姓心服口服。为了秉公办事，做到公平公正，政府应强化管理，落实监督机制，防止官员贪污、吃回扣等现象；为了保证已经签订的退耕还林协议得到真正实施，政府部门需要付出很大的成本对协议执行情况进行监督，同时防止已经退耕还林的地方还耕复垦，导致交易费用增高。

（二）明确生态补偿的范围与标准

科学的补偿标准和补偿力度将在生态补偿双方之间形成稳定、可持续的利益联结机制，消解补偿各方之间的利益冲突，达致双方利益的平衡，进而促使生态环境取得根本性好转。为此，建议在确定生态补偿标准时应统筹考虑具体生产成本、机会成本、受偿者的受偿意愿和社会支付能力等因素。另外，还要综合考虑补偿行为所在地的经济发展水平、生态受破坏情况和民众收入水平等情况，并在补偿标准中加以充分反映。此外，鉴于生态保护受制于社会经济发展水平，而社会经济发展往往呈现阶段性特征，因此，应当结合社会经济发展状况，适时对补偿标准进行动态调整，以确保补偿标准与实际相符。

1.生态补偿的标准

补偿标准涉及两个方面，即受损方的损失和受益方所获得的利益。生态补偿本身具有的特殊性，使得生态补偿标准的界定存在很大的困难。首先，生态受损一方的经济损失很难计算，特别是由于发展权受限制或丧失发展机会等原因造成的间接性的经济损失的计算；其次，生态受益一方获得的利益往往为非物质性的利益，不能使之经济量化，并且有些情况下，生态受益方并不是生态补偿的主体，例如作为生态受益方的后代；再次，生态受益方与受损方有重叠现象，即生态受益方同时也是生态受损方。由于生态补偿本身具有明显的激励作用，所以，生态补偿的标准至少要等于或者略高于生态受损方的损失，才能使激励作用发挥出来。

生态补偿标准的设定还须体现社会公平，平衡收益与付出，平衡破坏生态环境所造成的损失和恢复及建设生态环境的效益等。

2.生态补偿的范围

科学合理的生态补偿制度必须要有明确的补偿范围。生态补偿的范围应该包括两部分内容，即对生态资源经济价值的补偿和对生态资源生态功能价值的补偿。生态补偿制度的目的是要实现调节性生态功能的持续供给，生态补偿中一个重要因素就是要肯定生态资源的生态价值，维护与更新自然资源的生态功能，充分考虑自然资源本身所固有的生态环境价值。事实上，宁夏部分地区一直以来的经济发展及资源的开发利用都是以牺牲生态环境价值去换取的，破坏生态环境的诸多问题并未得到应有的重视和有效的解决。现存的一些关于生态补偿的规范，基本上只是解决了生态资源的经济补偿，仅是对资源的所有者或者经营者就某种资源的消耗进行补偿，很少考虑这些资源所具有的生态功能价值。虽然一些部门对生态资源的消耗征收资源使用费，但是在征收此类费用时也只是考虑要保护或更新本部门所管的资源，而未从生态环境及资源的整体出发，对生态环境要素的破坏引起的生态功能价值的危害也不曾考虑。因此，鉴于生态补偿的目的与价值，生态补偿的范围中既应包括对生态资源经济价值的补偿，也应包括对生态资源生态功能价值的补偿。

（三）将公众参与纳入生态补偿制度

首先，生态补偿的两种主要类型为国家生态补偿与社会生态补偿，国家生态补偿是我国目前生态补偿的一个主要形式，但是社会生态补偿这一形式也在日益增强。社会生态补偿中利益相关者的参与是生态补偿制度不可或缺的。生态补偿涉及众多的利益相关主体，从一定角度来看，生态补偿也是一种利益协调机制。这种机制的效果如何与相关利益群体的参与度是紧密相连的。只有相关利益主体真正参与到生态补偿中，才能够保证生态补偿制度的合理性和可持续性，才能够有效地实现生态补偿制度的立法目的。生态补偿制度的设计以及实施的过程要纳入公众参与这一指导思想，以确保相关利益群体能够真正参与到生态补偿中。

其次，宁夏生态补偿制度的建构与完善有赖于生态补偿思想的指导，尤其是大众生态补偿意识的形成与培养。应让"谁开发谁保护、谁受益谁补偿"的生态意识深入人心。应加大生态环境保护宣传力度，动员全社会一切力量开展全方位、多层次、多形式的舆论宣传和理论知识普及，每个人从自己做起、从身边事做起，以点点滴滴的保护行为助推生态文明建设。积极推进将生态环境保护要素纳入全区义务教育、继续教育教学，全面提高公众环境保护意识，普及生态文明法律法规。加强生态环境保护宣传教育进机关、进学校、进企业、进社区。加大领导干部的环境教育和培训力度，组织好世界地球日、世界环境日、世界水日和全国土地日等活动，广泛开展提升公民环境保护素质、塑造美丽心灵主题宣传活动，增强生态意识，构建生态文化体系。通过强化正面宣传和及时曝光破坏生态、污染环境及环境失信企业的违法行为，引导公众积极承担环境保护责任、履行环境保护义务。鼓励公众和社会环境保护组织依法参与环境公共事务和环境保护公益活动，维护正当的环境权益。

再次，建立完善生态文化培育制度。生态文化是传承中华民族优秀传统文化与生态智慧，融合现代文明成果与时代精神，促进人与自然和谐共存的重要文化载体。在生态文明建设中，生态文化是助推生态文明建设的强大精神动力。因此，需要积极弘扬绿色价值体系，不断凝聚全社会力量，打造全民共建的生态氛围。唤醒生态文化自觉，通过文化启蒙将生态意识和环境保护责任意识浸润到民众心灵，构建全社会生态保护自律体系和诚信体系，引导公众生产方式、生活方式、价值取向和消费行为的转变，影响和指导决策行为、管理体制和社会风尚。当前，我国生态文明建设在文化自觉的唤醒上，应特别强调各级党政干部的生态文化自觉提高，如果党政干部没有"执政一方、造福一方"的生态文化自觉，发展观、政绩观很容易发生偏差，生态文明建设将只能是停留在纸上的漂亮口号。

（四）建立对生态补偿实施情况的评价反馈制度

生态补偿制度的生命力在于生态补偿的有效实施与良好运行。鉴于生态补偿本身的复杂性，其内容涵盖多个领域，实施过程中容易出现偏差的实际，有必要建立对生态补偿实施情况的评价制度。这样可以充分了解生态补偿实施的真实状况和实施程度，通过评价制度可以发现导致生态补偿实施低效率的原因及环节，从而采取有针对性的措施及时纠正和改进，推动生态补偿制度的良好运行，提高生态补偿的质量与效率，实现生态补偿制度的目的。此外，对生态补偿实施情况进行评价，还可以监督生态补偿资金的管理使用是否合理、适当以及生态补偿政策的落实情况，对生态补偿活动的实际效果进行检验。

（五）完善健全多元化生态补偿制度

实现生态补偿制度多元化是生态补偿制度创新的重要思路。而生态补偿制度多元化则可以从以下几个方面着手：一是要使生态补偿主体多元化。在现有政府为主导的生态补偿工作中，通过加大宣传和政策扶持，引导更多的企业、公益组织、社会团体和个人加入到生态补偿事业当中来，在多元化的主体之间形成合作和竞争的良好氛围，与市场经济的社会大环境相融合。二是实现生态补偿监督方式多元化。要将监督范围最广的群众监督引入到生态补偿工作当中来，提高全体公民的生态产权意识，互相监督，降低生态补偿的工作负担和政府监督成本，使关乎民生的生态补偿工作真正全民参与、全民共享。三是要实现资金渠道多元化。针对以提供物质产品服务为主的生态系统和具有特殊经济价值的生态系统，要充分发挥市场机制的调节作用，在引导社会资金流入生态补偿工作中的同时，充分发挥市场经济的杠杆作用，使有限的资金发挥更大的作用。探索碳汇交易等市场化补偿方式。四是要加强国际交流与合作。西方发达国家较早进入对生态补偿工作的研究，相关的理论和实践成果更为丰富，宁夏应该与之加强沟通，学习和借鉴世界先进的生态补偿方法，将各国经验与宁夏实际相结合，在理论和实践等多个层次上丰富和创新宁夏的生态补偿制度。

（六）探索生态补偿与精准扶贫结合机制

结合精准扶贫理念，使生态补偿也更精准，如推广育苗造林模式，优先购买建档立卡贫困户苗木和劳务，引导贫困地区群众参与荒山绿化，增加农民收入。实施天然林保护工程和生态效益补偿资金项目，利用生态补偿和生态保护工程资金，将部分有劳动能力的建档立卡贫困人口优先就近就地转化为生态保护人员。进一步建立完善生态保护补偿、六盘山地区生态综合补偿机制、生态保护成效与资金挂钩的激励约束等体制机制。

（七）借鉴生态私有、生态捆绑、生态购买等制度

宁夏要实现生态与经济的互动发展，不同的区域进行不同的制度创新。根据本区不同的自然环境条件，实行不同的生态建设途径，制定不同的经济制度，逐步实现生态与经济的互动发展。基于此，针对不同景观单元，应提出不同的生态与经济互动发展模式。

生态私有。在干旱区和半干旱区生态环境脆弱的沙荒地实行"私有责任制"，即根据自愿、公平分配的原则，由老百姓自己管理沙荒地，保证一定的林草覆盖度，实行自己投资，自己受益，并且允许继承、转让，但土地所有权仍为国家所有。生态私有以生态建设为目的，在减少国家投资的基础上，通过增加农民收入的手段调动农民治理环境的积极性，加快改善生态环境的步伐。宁夏干旱区可以草种取代树种，减少水分蒸发，成活生存率更高。生态私有的产品类型主要以生态草来体现。因为在同等条件下，以下6种情况必须引起注意：第一，在没有森林的地方植树其树木是抽水机，在已经是自然林草的地方植树其森林是蓄水池；第二，干旱地区的森林是抽水机，湿润地区的森林是蓄水池；第三，在干旱区，山上的树木是抽水机，河床附近的森林是蓄水池；第四，在适宜植树的地方，眼前看树木是抽水机，长远看森林是蓄水池；第五，在不适宜植树的地方，人工植树是抽水机，自然恢复的森林是蓄水池；第六，阳坡更可能是抽水机，阴坡更可能是蓄水池。

生态捆绑。所谓生态捆绑，就是指为了实现生态环境与经济双赢的目标，在生态环境脆弱地区依托得益于地区生态环境的企业，特别是能源矿

区，把企业所在区域的生态环境作为考核标准，依托捆绑能力来实现生态重建。通过经济捆绑带动企业所在区域实现可持续发展，形成企区利益共同体，实现企业与区域的生态环境与经济互动双赢。其实质是，在资源开采、经济发展的同时，不能以牺牲生态为代价，而要"两手抓，两手都要硬"，生态捆绑是基础，经济捆绑是途径，区域捆绑是目标。宁东能源基地可采取生态捆绑。

生态购买。农牧交错区和黄土高原区等半干旱地区，在生态环境建设中实行国家市场经济体制，启动专门的生态工程，确定专门的职能机构，每年依据林草恢复的数量和自然生态质量来付给林草所有者相应的货币，实现国家生态与农民富足的互动模式。较之生态私有与生态捆绑，生态购买制度更适用于景观单元，研究也更为成熟。水土流失严重、生态环境脆弱的宁夏，实施生态购买很有必要，生态购买减少了国家用于生态补偿的资金，同时更能保证生态环境重建的效果与持续性，是一种有效解决生态建设实践与模式中存在问题的制度创新。生态建设者提供生态产品—生态受益者购买生态产品—为生态建设者提供补偿—生态建设者得到回报—加强生态建设—提供生态产品。

宁夏主体功能区研究

吴 月

主体功能区划是促进我国区域协调发展的重大举措，是一项具有创新性的规划任务，不仅有利于实行区域的空间管制、优化资源空间配置，而且便于资源的分类管理和调控、实现资源节约与环境保护协调发展。本文通过分析宁夏各市县的自然条件、社会经济条件和土地资源开发利用现状，对可利用土地资源、可利用水资源进行评价，提出了宁夏主体功能区发展的方向、功能定位及主要措施，以期为政府部门规划及决策提供科学依据。

一、主体功能区相关理论及研究意义

主体功能区是指根据不同区域的资源环境承载能力、现有开发强度和发展潜力，统筹谋划人口分布、经济布局、国土利用和城镇化格局，确定不同区域的主体功能，并据此明确开发方向，完善开发政策，控制开发强度，规范开发秩序，逐步形成人口、经济、资源环境相协调的国土空间开发格局。邓玲、杜黎明、朱传耿、高国力、袁朱、张可云、刘琼、薛俊菲、

作者简介：吴月，宁夏社会科学院农村经济研究所副研究员，主要从事生态文明建设、环境保护、同位素水文学等研究。

孙鹏、曾刚等众多学者就主体功能区理论进行了研究，并结合区域实际进行了主体功能区规划。

国土空间开发按开发方式可分为优化开发区域、重点开发区域、限制开发区域和禁止开发区域，即基于不同区域的资源环境承载能力、现有开发强度和未来发展潜力，以是否适宜或如何进行大规模高强度工业化、城镇化开发为基础划分；按开发内容（提供主体产品的类型）可分为城市化地区、农产品主产区和重点生态功能区；按层次划分可分为国家和省级两个层面。

开展主体功能区划的重要意义体现在：促进人与自然和谐发展，有利于实行空间管制，优化资源空间配置，便于分类管理和调控，实现资源节约与环境保护。

二、现状分析

宁夏回族自治区位于中国的西北黄河上游，东连陕西、南接甘肃、北与内蒙古接壤，国土面积 6.64 万平方千米，是中国东西轴线中心、连接华北与西北的重要枢纽，自古就是西北要塞及丝绸之路北线的重要组成部分，地理位置独特。

（一）自然条件分析

1.气候水文条件分析

宁夏回族自治区跨东部季风区和西北干旱区，西南靠近青藏高寒区，属温带大陆性干旱、半干旱气候。按全国气候区划，最南端（固原市的南半部）属中温带半湿润气候区，固原市北部至同心、盐池南部属中温带半干旱气候区，中北部属中温带干旱气候区。全年平均气温 5.3 ~ 9.9℃，年均日照时间 2800 ~ 3100 小时，太阳辐射达 148 Cal/cm²·a，年降水量在 150 ~ 600 毫米，降水分布不均匀，雨季多集中在 6—9 月，且多暴雨，年蒸发量约 1000 毫米。风大沙多，超过临界起沙风的风速（≥ 5 米 / 秒）每年出现天数多，主要发生在 4—6 月，且春季 8 级以上大风占全年大风日数的一半以上。全区光热资源丰富、日照充足、昼夜温差大，南凉北暖、南湿北干；降雨量小而蒸发量大，导致全区干旱少雨、缺林少绿、生态环境脆弱；5—9 月，宁夏山川气候宜人，风景如画，果鲜瓜甜、稻香鱼肥，是旅游观光的黄金季节。

黄河流经宁夏 397 千米（国家分配的黄河可用水量 40 亿立方米）水面宽阔、水流舒缓，十分有利于引水灌溉；多年平均降水总量 149.49 亿立方米，天然地表水资源量 9.49 亿立方米（未计算黄河过境水量），仅占全国平均水平的 0.03%。表明：宁夏水资源匮乏，人均水量或耕地亩均水量仍为全国最少的省区之一。

2.地形地貌特征

宁夏地势南高北低，地形南北狭长，地貌类型复杂。境内山峰延绵，平原、盆地错落，丘陵连绵，沙丘、沙地散布，自南向北有六盘山地、黄土丘陵、中部山地丘陵盆地、灵盐台地、宁夏平原、贺兰山地等地貌类型。由于地形地貌不同，当地发展的产业经济不同，如在地势平坦、水源充足的地区可以发展现代农业；在地势相对平坦、不适宜发展农业的地区发展第二产业；在山地、丘陵地区可以发展林果业；在沙地及荒漠化地区发展沙产业；在环境优美、拥有历史遗迹等地区发展旅游业。

3.植被条件

宁夏自然植被有森林、灌丛、草甸、草原、沼泽等类型，以草原植被为主体。森林集中分布于贺兰山、六盘山和罗山等山地地区，草甸、沼泽、盐生和水生植物群落分布于河滩、湖泊等低洼地域。根据我国第八次森林资源清查结果显示，宁夏森林面积由 1977 年的 103 万亩增加到 927 万亩，森林覆盖率由 2.4%增加到 11.89%，森林蓄积由 217 万立方米增加到 872.6 万立方米，（据统计：2015 年宁夏共有森林面积 990 万亩，森林覆盖率 12.63%，森林蓄积 835 万立方米[①]），实现森林面积、森林蓄积和森林覆盖率的同步增长，初步形成了以林草植被为主体的生态安全屏障。2016 年宁夏实际完成营造林 123 万亩，其中人工造林 88.44 万亩，2016 年末实有封山（沙）育林 507.89 万亩。

（二）社会经济条件分析

宁夏地区生产总值自 1978 年的 13 亿元增长到 2016 年的 3150.1 亿元[②]，1995 年之前全区地区生产总值增长较慢，1995—2005 年期间增长趋势较平缓，自 2005 年之后增长幅度变大。2016 年三次产业比重为 7.6：46.9：45.5，较之 2000 年三次产业比重（15.60：41.16：43.24）发现，第一产业比重明显下降，第二产业与第三产业发展较快。表明：宁夏经济发展迅速，但整体实力仍然比较薄弱。

2016 年年末全区总人口 674.9 万人[③]，较 2015、2000 年人口分别增长了 1%、22%，加之 2015 年国家全面放开二胎政策，预计近几年宁夏人口自然增长率将有小幅的增长。宁夏人均地区生产总值由 1978 年的 370 元 / 人，增长到 1995 年的 3448 元 / 人，继而增长到 2005 年的 10349 元 / 人，2016 年的 46919 元 / 人。三次产业从业人员，1978 年为 69.5：18.6：11.9，2000 年为 57.6：18.1：24.3，2015 年为 44.2：18.2：37.6。表明：宁夏第一产业从业人员逐渐向第二、三产业转移，经济结构调整明显，逐渐由"生存型社会"向"发展型社会"转变，人民生活水平逐渐提高，但内部经济发展水平不平衡，地区及城乡之间的差距较大。

2016 年，宁夏各市县地区生产总值中，银川市地区生产总值 1617.28 亿元，占全区地区生产总值的一半以上，其他 4 市地区生产总值由多到少分别为石嘴山市、吴忠市、中卫市、固原市。宁夏各市县第一产业产值占全区第一产业产值比例最高的是沙坡头区，其他占比由高到低分别为平罗

---

①③：数据来源：国家林业局公布的《2015 年森林资源清查主要结果》。
②数据来源：《宁夏统计年鉴 2016》《宁夏经济要情手册 2016》。

县、中宁县、银川市、青铜峡市等；各市县第二产业产值占全区第二产业产值比例最高的是银川市，其他占比由高到低分别为灵武市、大武口区、惠农区、利通区等；各市（县、区）第三产业产值占全区第三产业产值比例最高的是银川市，其他市（县、区）占比由高到低分别为大武口区、沙坡头区、原州区、利通区，等。全区以第二产业与第三产业为主，其中灵武市第二产业占比最高，其他市（县、区）占比由高到低分别是平罗县、石嘴山市、红寺堡区、同心县、利通区、贺兰县、海原县、永宁县等；第三产业占比最高为银川市，其他市（县、区）占比由高到低分别是西吉县、原州区、隆德县、彭阳县、泾源县、中宁县、沙坡头区等。表明：全区第一产业较薄弱，主要分布于地形平坦、水源丰富的中北部地区；第二产业主要分布于人口相对集中、交通便捷、能源资源丰富的城市带地区；第三产业主要分布于首府银川市（约占全区的一半），还包括旅游资源丰富、环境优美、通达性较好的市县。

（三）土地资源开发现状分析

宁夏国土开发已形成了沿黄经济区、中部干旱区和南部山区三大生态经济板块，呈现出产业分工明确、发展特色鲜明的空间格局。

沿黄经济区水土资源优越、生态环境良好、农业基础雄厚、工业发展迅速，已形成能源、化工、新材料、装备制造、农产品加工等特色优势产业。

中部干旱带土地和矿藏丰富，但水土匹配差，荒漠化严重。目前，宁夏在防沙治沙、生态修复的基础上，发展旱作节水补灌农业，形成一定规模的采矿业、特色农产品加工业。

南部山区为黄土丘陵和土石山区，水土流失问题突出，是宁夏重要的生态保护地区和生态农业区，草畜、马铃薯、小杂粮、油料等特色农业有较大发展潜力。

由表1可以看出：宁夏各市（县、区）土地面积最大的是吴忠市，第二是中卫市，第三是固原市，第四是银川市，面积最小的是石嘴山市。

表1   宁夏各市县土地面积

单位：平方千米

地区	银川市	兴庆区	西夏区	金凤区	永宁县	贺兰县	灵武市
土地面积	8874.61	828.39	1129.75	345.47	1193.95	1530.78	3846.27
地区	石嘴山市	大武口区	惠农区	平罗县			
土地面积	5208.13	1214.84	1361.05	2634.24			
地区	吴忠市	利通区	红寺堡区	盐池县	同心县	青铜峡市	
土地面积	21420.14	1414.58	3523.09	8377.29	5666.85	2438.33	
地区	固原市	原州区	西吉县	隆德县	泾源县	彭阳县	
土地面积	13449.03	3501.11	4000.12	1266.70	1442.71	3238.39	
地区	中卫市	沙坡头区	中宁县	海原县			
土地面积	17448.09	6877.44	4192.83	6377.82			

宁夏各市（县、区）土地面积及土地利用以农业用地为主，农业用地占各市县土地面积百分比＞50%的市（县、区）依次为隆德县、泾源县、盐池县、西吉县、彭阳县、中宁县、固原市、海原县、中卫市、沙坡头区、贺兰县、原州区、利通区、吴忠市、灵武市、永宁县、银川市；建设用地占各市县土地面积百分比＞8%的市县依次为金凤区，兴庆区、大武口区、西夏区、永宁县、惠农区、银川市、石嘴山市、利通区。表明：宁夏各市县土地利用类型中农业用地为主，建设用地面积较少，主要集中在人口众多的城市地带，还有很大一部分未利用地，开发潜力广阔。

宁夏各县（市、区）农业用地中，耕地面积占农业用地面积百分比＞50%的市县依次为惠农区、金凤区、西吉县、平罗县、永宁县、兴庆区、同心县；园地面积占农业用地面积前五位的市县包括西夏区、永宁县、大武口区、青铜峡市、金凤区；林地面积占农业用地面积百分比＞25%的市县依次为泾源县、彭阳县、隆德县、原州区、西夏区、红寺堡区、西吉县；牧草地面积占农业用地面积百分比＞40%的市县依次为沙坡头区、灵武市、中宁县、盐池县、利通区、青铜峡市、红寺堡区、海原县。宁夏各市县建设用地中，居民点及工矿用地面积占建设用地面积最大的为彭阳县，最小为灵武市；交通运输用地占建设面积百分比 > 10% 的市县依次为灵武市，盐池县、泾源县、沙坡头区、红寺堡区、中宁县、利通区、青铜峡市、永宁县、西夏区、贺兰县、惠农区；水利设施用地占建设面积百分比前五位的县依次为西吉县、西夏区、隆德县、海原县、中宁县。表明：宁夏各市县农业用地以耕地、林地、牧草地为主，交通及水利设施用地面积小，随着宁夏社会经济的发展，未利用地的开发潜力日益凸显，我们应合理规划布局全区的用地结构，进行主体功能区规划。

三、宁夏各市县资源禀赋

（一）可利用土地资源

宁夏可利用土地资源计算结果见表 2。参照国家人均可利用土地资源

表2　宁夏可利用土地资源

单位：公顷，亩/人

地区	土地面积	耕地	建设用地	适宜开发土地①	可利用土地资源	人口	人均可利用土地资源
银川市	230361	40762	33106	133163	98515	1404070	1.05
永宁县	119395	34138	12236	75754	46737	239930	2.92
贺兰县	153078	43522	11027	88876	51882	255995	3.04
灵武市	384627	23906	22609	281326	261006	291103	13.45
大武口区	121284	5377	14725	50609	46039	305676	2.26
惠农区	136105	21847	12392	75531	56961	201940	4.23
平罗县	263423	59340	18616	151807	101368	287517	5.29
利通区	141458	30234	11790	95880	70181	410445	2.56

①数据来源：米文宝，等著：《西北地区国土主体功能区划研究》，中国环境科学出版社，2010年。其中数据采集自各市县行政单元2005年农业、工业、居民生活、城镇公共的实际用水量和生态用水量。由于2008年因区划调整，原州区黑城镇、甘城乡划归海原县；海原县兴隆乡划归同心县，徐套乡划归中宁县，兴仁乡划归沙坡头区，因此对原州区、海原县、同心县、中宁县、沙坡头区的数据进行了调整，同时对川区、山区、吴忠市、固原市、中卫市的数据也进行了相应调整。因此表中数据未按照新的人口基数进行人均可利用水资源计算。

续表

地区	土地面积	耕地	建设用地	适宜开发土地①	可利用土地资源	人口	人均可利用土地资源
红寺堡区	352309	40718	13251	179612	145002	200263	10.86
盐池县	837729	102279	18329	570405	483468	155719	46.57
同心县	566685	139314	16491	374665	256248	327999	11.72
青铜峡市	243832	38685	12620	154619	121737	294161	6.21
原州区	350111	103728	17714	216445	128276	421285	4.57
西吉县	400012	162330	16384	141414	3434	346612	0.15
隆德县	126670	40078	5230	30818	4368	155260	0.42
泾源县	144271	17724	3725	22431	7366	100604	1.10
彭阳县	323840	83706	12356	161973	90823	196615	6.93
沙坡头区	687744	71666	19200	354584	293668	406181	10.84
中宁县	419283	67231	17308	279228	222082	345103	9.65
海原县	637782	162595	19110	358394	220188	402479	8.21

分级标准，结合宁夏国土空间分布和人口聚集的具体情况可知，宁夏人均可利用土地资源丰富的地区是盐池县（达 46.57 亩/人）；较丰富的地区包括灵武市、同心县、红寺堡区、沙坡头区；中等的地区包括中宁县、海原县、彭阳县、青铜峡市、平罗县、原州区、惠农区；较缺乏的地区包括贺兰县、永宁县、利通区、大武口区、泾源县、银川市；缺乏地区为隆德县和西吉县。

宁夏人均可利用土地资源较丰富的地区（盐池县、同心县、沙坡头区等）主要分布在宁夏中部干旱带，该区域土地沙化、荒漠化现象严重，水资源匮乏，不适合大面积开发农产品，应利用有限的水资源开发高科技、生物及工程农业，逐步推进沙产业的发展。灵武市、红寺堡区、中宁县、青铜峡市、平罗县、惠农区、利通区、贺兰县、永宁县，可利用土地资源潜力大，而且地势平坦、单位面积的土地产出量高，土地承载力强，可以成为宁夏的农产品主产区。隆德县、西吉县、泾源县地处宁夏南部，生态环境脆弱，可利用土地资源相对缺乏，土地承载力弱，不适合大面积开发，应作为限制开发的生态保护区。

（二）可利用水资源

宁夏多年平均降水总量 149.49 亿立方米，天然地表水资源量 9.49 亿立方米（未计算黄河过境水量），地下水资源量 25.3 亿立方米，黄河流经宁夏 397 千米，年平均入境流量 325 亿立方米，国家分配的黄河可用水量 40 亿立方米。表明：宁夏人均可利用水资源较丰富的地区包括贺兰县、永宁县等，水资源匮乏的地区包括银川市和泾源县，因此宁夏应合理分配黄河水量，最大限度的利用有限的水资源发展宁夏的经济。

宁夏可利用水资源[①]计算结果见表 3。

表 3　宁夏可利用水资源

单位：10^8 立方米，立方米

地区	B_1+B_2	B_7	$B_3+B_4+B_5+B_6$	可利用水资源量	人均可利用水资源
银川市	0.56	3.60	3.67	0.49	59.27
永宁县	0.41	4.80	3.18	2.03	970.44
贺兰县	0.58	5.00	3.80	1.78	971.67
灵武市	0.23	2.90	2.18	0.95	414.91
石嘴山市	0.20	2.00	0.42	1.78	634.47
惠农区					
平罗县					
利通区	1.14	5.40	4.92	1.62	562.76
红寺堡区					

①数据来源：米文宝，等著：《西北地区国土主体功能区划研究》，中国环境科学出版社，2010 年。其中数据采集自各市县行政单元 2005 年农业、工业、居民生活、城镇公共的实际用水量和生态用水量。由于 2008 年区划调整，原州区黑城镇、甘城乡划归海原县；海原县兴隆乡划归同心县，徐套乡划归中宁县，兴仁乡划归沙坡头区，因此对原州区、海原县、同心县、中宁县、沙坡头区的数据进行了调整，同时对川区、山区、吴忠市、固原市、中卫市的数据也进行了相应调整。因此表中数据未按照新的人口基数进行人均可利用水资源计算。

续表

地区	B_1+B_2	B_7	$B_3+B_4+B_5+B_6$	可利用水资源量	人均可利用水资源
盐池县	0.32	6.30	4.92	1.7	646.19
同心县					
青铜峡市	0.19	4.60	3.15	1.64	453.15
原州区	0.43	0.70	0.37	0.76	457.71
西吉县	0.47	2.70	1.97	1.2	355.56
隆德县	1.73	0.50	0.47	1.76	357.55
泾源县	0.81	–	0.54	0.27	57.72
彭阳县	0.72	–	0.11	0.61	335.65
沙坡头区	1.65	–	0.02	1.63	1328.50
中宁县	0.89	–	0.23	0.66	260.03
海原县	0.30	6.20	2.87	3.63	1025.22

说明：B-区域可利用水资源，B_1-地表水可利用量，B_2-地下水可利用量，B_3-农业用水量，B_4-工业用水量，B_5-生活用水量，B_6-生态用水量，B_7-现状入境水资源量，γ-5%（本文中取值0）。

综合分析宁夏各市县自然条件、社会经济条件及土地开发现状，结合宁夏各市县可利用土地资源与可利用水资源可以得出：将全区人均可利用土地资源潜力大、地势平坦、水资源充足、生态环境优良的地区规划成为宁夏的农产品主产区；将可利用土地资源相对缺乏、生态环境脆弱的地区作为限制开发的生态保护功能区或禁止开发区；对人口集聚、经济发展水平较高、生态容量较大的地区规划为重点开发区。

四、宁夏主体功能区开发的目标

到2020年宁夏主体功能区格局基本形成：以"一带一区"为主体的城镇化战略格局基本形成，全区主要城市化地区集中了区内大部分人口和经济总量，即以沿黄城市带为重点，固原市辖区为主要支撑点，以其他城镇为重要组成的城镇化战略格局；"三区五带"为主体的农业战略格局基本形成，农产品供给安全得到切实保障，即北部宁夏平原引黄灌区现代农业示范区，中部干旱带旱作节水农业示范区，南部黄土丘陵生态农业示范区，宁夏平原优质小麦产业带、优质水稻产业带、优质玉米产业带，北中部特色林果产业带和南部山区马铃薯产业带；"两屏两带"为主体的生态安全战略格局基本形成，生态安全得到有效保障，即六盘山水源涵养、水土流失防治生态屏障，贺兰山防风防沙生态屏障，中部防沙治沙带和宁夏平原绿洲生态带。

空间结构优化。到 2020 年，全区国土空间开发强度控制在 4.7%，适度增加城市空间（城市和建制镇、独立工矿），城市空间控制在 1346 平方千米，占国土面积的 2.03%；适度增加交通运输空间，逐步减少农村居民点空间，农村居民点控制在 1092 平方千米，占国土面积的 1.64%。耕地保有量 10867 平方千米（1630 万亩），占国土面积的 16.37%，林地保有量 19218 平方千米（2882.7 万亩），占国土面积的 28.94%，森林覆盖率达到 20%。绿色生态空间扩大，其中湿地面积有所增加。

五、宁夏主体功能区定位与措施

（一）重点开发区发展方向与措施

1.功能定位

宁夏重点开发区的功能是支撑全区经济增长，聚集全区人口和经济，重点进行工业化和城镇化发展。

2.发展方向

宁夏重点开发区域包括国家级重点开发区域和自治区级重点开发区域。其中，国家级重点开发区域为沿黄经济区（含宁东能源化工基地），主要包括银川市兴庆区、金凤区、西夏区、灵武市，石嘴山市大武口区、惠农区，吴忠市利通区，中卫市沙坡头区 8 个县（市、区）和宁东能源化工基地（含太阳山），以及贺兰县、永宁县、平罗县、青铜峡市、中宁县 5 个县（市、区）的城关镇和工业园区所在乡镇；区级重点开发区域为固原市原州区，主要包括固原市原州区城区、官厅镇和开城镇。

3.主要措施

实现宁夏重点开发区建设，需要形成适应主体功能区要求的法律法规、政策和规划体系，完善绩效考核办法和利益补偿机制，引导各地区严格按照主体功能定位推进发展。(1)中央及地方财政要继续完善激励约束机制，加大奖补力度，建立地方基层政府基本财力保障制度。(2)鼓励建立地区间横向援助机制。(3)加强重点开发区域的交通、能源、水利以及公共服务设施建设的投资。(4)确定重点开发区的重大项目及优势产业。(5)适当扩大重点开发区服务业、交通和城镇建设用地规模，逐步减少农村居住用地；扩大煤炭、矿产等资源开发和先进制造业用地规模；保护和扩大绿色生态空间，有效利用现有土地空间。(6)适度扩大首府银川及石嘴山、吴忠、中卫、固原5个地级市城市规模，发展壮大中小城市和重点城镇，基本形成分工协作、优势互补、集约高效的城镇体系。(7)完善城市基础设施和公共服务等措施，提高城市人口承载力，推进城市化进程。(8)形成现代产业体系，促进产业集群发展。增强农业综合生产能力，大力发展优势特色农业，加强国家级现代农业示范区建设；加强能源、装备制造、生物制药等新兴产业发展，利用高新技术进行能源化工、冶金、轻纺、羊绒纺织等传统产业改造；加强工业园区、高新技术产业基地发展；大力发展现代物流、金融、信息、旅游等现代服务业。(9)做好生态环境、基本农田等保护规划，减少工业化、城镇化对生态环境的影响；加大防沙治沙力度，着力构建防风固沙生态屏障。(10)放宽户口迁移限制，实施积极的人口迁入政策，加强人口集聚，加快区域城市化步伐。

（二）限制开发区发展方向与措施

1.功能定位

限制开发的农产品主产区功能定位：保证农产品供给安全的重要区域，同时也是社会主义新农村建设的示范区，是农民安居乐业的美好家园。限制开发的重点生态功能区定位：保护和修复生态环境，提供生态产品，保障国家生态安全的重要区域，同时也是人与自然和谐相处的示范区。

2.发展方向

宁夏北部引黄灌区是国家级限制开发的农产品主产区，包括贺兰县、永宁县、平罗县、青铜峡市、中宁县 5 个县，灵武市、惠农区、利通区、沙坡头区的 22 个乡镇以及农垦 14 个国有农林牧场。

限制开发的重点生态功能区包括国家级重点生态功能区和自治区级重点生态功能区，包括彭阳县、盐池县、同心县、西吉县、隆德县、泾源县、海原县、红寺堡区，原州区除彭堡镇、清河镇外的其余各乡镇，灵武市白土岗和马家滩 2 个乡镇，沙坡头区兴仁、香山、蒿川 3 个乡镇，中宁县舟塔、喊叫水、徐套 3 个乡镇。重点生态功能区分为水源涵养型、水土保持型、防风固沙型 3 种类型，其中水源涵养型包括泾河、渭河、清水河发源地，主要是六盘山地区，包括泾源县、隆德县、彭阳县和原州区，区域内生活、农业灌溉地下水补给区，包括贺兰山、罗山、香山和南华山等；水土保持型生态功能区主要包括受流水侵蚀的同心县、海原县、原州区、西吉县、彭阳县，受风力侵蚀的沙坡头区、盐池、灵武的局部区域；防风固沙型生态功能区主要在中卫、盐池、灵武、同心、银川和平罗等市县。

3.主要措施

（1）增强限制开发区域基层政府实施公共管理、提供公共服务和落实各项民生政策的能力。中央财政要加大对重点生态功能区的均衡性转移支付力度。省级财政要完善省对下转移支付，建立省级生态环境补偿机制。（2）鼓励建立地区间横向援助机制。生态环境受益地向重点生态功能区进行资金补助、定向援助、对口支援等形式的援助。（3）加强重点生态功能区生态产品生产能力建设的投资，加强农产品主产区农业综合生产能力建设的投资。（4）严格控制农产品主产区建设用地规模，严禁重点生态功能区改变生态用途的土地利用。（5）加强水利设施建设、小流域综合治理，加快灌区节水设施建设及南部山区水源工程建设，大力推广节水灌溉，搞好旱作农业示范工程，加强节水农业建设。(6)优化农业生产布局和调整种养殖品种结构，支持优势农产品主产区农产品加工、流通、储运设施建设，大力发展地方优势特色种植业，搞好农业布局规划，发展循环农业，促进农业资源的永续利用。(7)加强农业基础设施建设，加快科技投入与创新，实现农业现代化。(8)保护基础性生态用地，巩固环境生态修复成果。(9)实施人工造林、封山封沙育林、飞播种草、退耕还林还草、围栏禁牧、舍饲圈养等措施，保护与重建林地、草地、湿地等生态系统，防止水土流失，进行区域荒漠化防治。

（三）禁止开发区发展方向与措施

1.功能定位

保护各类自然和文化等资源。

2.发展方向

宁夏禁止开发的生态区域包括自然保护区、风景名胜区、国家森林公园、地质公园、湿地公园（包括湿地保护与恢复示范区）5类，共54处。

3.主要措施

（1）形成点状开发、面上保护的空间结构。增加水面、湿地、林地、草地等绿色生态空间面积。(2)在不影响生态系统功能的前提下，使得适宜产业、特色产业和服务业得到发展。(3)切实加大各级财政对自然保护区、风景名胜区、国家森林公园、地质公园、湿地公园的投入力度。(4)有序转移人口，实现污染物"零排放"，提高环境质量。(5)重点发展以生态旅游为主的服务业，开发绿色天然食品和用品。

参考文献

[1]《中华人民共和国国民经济和社会发展第十一个五年规划纲要》。

[2] 国家行政学院进修班编:《主体功能区建设读本》,国家行政学院出版社,2013 年。

[3] 邓玲,杜黎明著:《主体功能区建设的区域协调功能研究》,《经济学家》2006 年第 4 期,第 60—64 页。

[4] 朱传耿,仇方道,马晓冬,等著:《地域主体功能区划理论与方法的初步研究》,《地理科学》2007 年第 27 期,第 136—141 页。

[5] 国家发展改革委宏观经济研究院国土地区研究所课题组,高国力著:《我国主体功能区划分及其分类政策初步研究》,《宏观经济研究》2007 年第 4 期,第 3—10 页。

[6] 袁朱著:《国外有关主体功能区划分及其分类政策的研究与启示》,《中国发展观察》2007 年第 2 期。

[7] 张可云,刘琼著:《主体功能区规划实施面临的挑战与政策问题探讨》,《现代城市研究》2012 年,第 6 期,第 7—11 页。

[8] 薛俊菲,陈雯,曹有挥著:《中国城市密集区空间识别及其与国家主体功能区的对接关系》,《地理研究》2013 年第 32 期,第 146—156 页。

[9] 孙鹏,曾刚著:《中国大都市主体功能区规划的理论与实践》,东南大学出版社,2014 年。

[10] 米文宝,等著:《西北地区国土主体功能区划研究》,中国环境科学出版社,2010 年。

[11] 自治区人民政府关于印发宁夏回族自治区主体功能区规划的通知(宁政发〔2014〕53 号),2014 年。

[12] 谢增武,王坤,曹世雄著:《宁夏发展沙产业的社会、经济与生态效益》,《草业科学》2013 年第 30 期,第 478—483 页。

[13] 百度百科,http://baike.baidu.com/link?url=Zs44-gkNuF6LESl20pJ_FQJvG7cl_e58hW7Os7S_5MzDi3bZ-XvUjndhr6nrawR6bwLIGnEsPr0VqfdiMmHUWK

[14] 中共国家林业局党校第期党员领导干部进修班著:《发展生态民生林业建设绿色富民家园——中共国家林业局党校第 46 期党员领导干部进修班赴宁夏回族自治区考察调研报告》,《宁夏林业通讯》2015 年第 14 期,第 3—7 页。

宁夏沿黄生态经济带建设研究

宋春玲

　　宁夏沿黄生态经济带地处我国西部第二条南北综合运输通道与欧亚大陆桥复线两大交通走廊交会点，是华北、东北连接青藏高原的重要通道，是国务院确定的 18 个国家级重点开发区之一，是新一轮西部大开发战略的重点区域，已成为"呼包银""陕甘宁"和能源化工"金三角"的重要组成部分。区域交通区位优势明显，以银川为中心已建成铁路、公路、航空相交织的立体运输网络，是周边 500 公里范围内的交通枢纽中心。宁夏沿黄生态经济带建设是自治区政府结合宁夏发展的现实基础及新的发展形势机遇，在自治区第十二次党代会做出的重大决策部署。宁夏沿黄生态经济带建设要坚持以"在保护中发展，在发展中保护"的方针，把以生态文明为核心的美丽宁夏建设摆在更加突出的位置，与经济建设、政治建设、文化建设、社会建设同步推进，走宁夏特色的绿色发展新路，最终实现生态与经济、人与自然和谐统一与协调发展。

一、背景分析

　　党中央高度重视生态文明建设，在大力开展经济建设的同时，采取多

　　作者简介：宋春玲，宁夏社会科学院农村经济研究所助理研究员。

种措施应对经济发展与生态环境的矛盾，坚决遏制伴随经济发展而来的雾霾频发、城市拥堵、河流污染、湖泊萎缩、生态脆弱、资源枯竭等环境恶化、生态退化问题。特别是十九大召开以来，以习近平同志为核心的党中央坚持实践创新、理论创新，全面分析深入推进经济建设与生态文明建设的紧迫形势和繁重任务，准确把握从工业文明到生态文明跃进的发展大势和客观规律，就促进人与自然和谐发展提出了绿色发展理念和推动绿色发展的一系列新措施。这是我们党在新时期从生态、经济、社会有机整体出发，以新视角认识、理解、把握生态与经济协调发展问题，充分表明了生态建设在中国特色社会主义事业总体布局中的极端重要性。

习近平总书记十分关注绿色发展问题，在国内外多个场合就绿色发展问题发表了重要讲话，系统阐述了绿色发展思想。如："要正确处理好经济发展同生态环境保护的关系，牢固树立保护生态环境就是保护生产力、改善生态环境就是发展生产力的理念。""既要金山银山，也要绿水青山，宁要绿水青山，不要金山银山。"总书记十分重视长江、黄河流域的开发与保护问题。2016年1月，在重庆召开的推动长江及亟待发展座谈会上强调："当前和今后相当长一个时期，要把修复长江生态环境摆在压倒性位置，共抓大保护，不搞大开发。"同年7月，总书记视察宁夏时特别强调了黄河保护问题，指出"现在，黄河水资源利用率已高达70%，远超40%的国际公认的河流水资源开发利用率警戒线，污染黄河事件时有发生，黄河不堪重负！宁夏是黄河流出青海的第二个省区，一定要加强黄河保护。沿岸各省区都要自觉承担起保护黄河的重要责任，坚决杜绝污染黄河行为，让母亲河永远健康。"

自治区党委十分重视生态文明建设，始终坚持一手抓发展，一手抓保护，积极出台多项措施，不断加大全区生态保护力度。先后出台了《宁夏空间发展战略规划》《关于落实绿色发展理念加快美丽宁夏建设的意见》，对沿黄地区的产业发展、生态建设、环境保护等作出系统安排，明确提出了大力实施生态优先战略，坚持"在保护中发展，在发展中保护"的方针。为推动绿色发展，自治区党委深入开展调查研究，认真分析经济发展和生态建设形势，结合宁夏发展实际，在自治区第十二次党代会上作出了打造沿黄生态经济带的重大决策。这是自治区党委认真贯彻落实习近平总书记重要讲话精神，坚持创新、协调、绿色、开放、共享的发展理念，准确研判生态建设形势，顺应人民群众期盼，作出的重大决策部署，充分体现了宁夏走生态优先、绿色发展之路的坚定决心。打造沿黄生态经济带，是加快转变发展方式的必然要求，是推进宁夏可持续发展的迫切需要，必将有力推动宁夏实现生态与经济共赢共进。

二、现实基础

根据 2012 年自治区建设厅及宁夏大学资源环境学院共同编制的《沿黄经济区城市带发展规划》，沿黄生态经济带是将宁夏沿黄地区各城市及生态区的发展要素进行有效组合、整合，以城市为核心，形成具有内在紧密联系和相对独立的城镇集群和经济区。沿黄经济区城市带规划的范围包括银川市、吴忠市、石嘴山市、中卫市 4 个地级市，涉及兴庆区、金凤区、西夏区、永宁县、贺兰县、灵武市、利通区、青铜峡市、惠农区、大武口区、平罗县、沙坡头区、中宁县 13 个县（市、区）。该区域国土面积2.87 万平方千米。2010 年沿黄经济区城市带总人口 405.42 万人，其中城镇人口 248.5 万，城镇化率达 60%。该区域以 43%的国土面积集中了全区64%的人口，86.7%的城镇人口和 90%以上的 GDP 和 94%的财政收入，辐射区域包括宁夏全境，甘肃省的平川区、靖远县、环县，内蒙古自治区的乌海和阿拉善盟、鄂托克前旗，陕西省的定边县和靖边县等区域。

沿黄生态经济带的经济总量持续增长，整体经济实力占据了全区的绝对优势。2010 年，沿黄生态经济带的地区生产总值达到 1457 亿元，占宁夏全区地区生产总值的 88.7%，是 2005 年的 2.8 倍。2005—2010 年，沿黄

经济区城市带地区生产总值年均增长 22.25%，高出全区平均增长速度
（12.7%）10 个百分点，高出全国平均增长速度（11.2%）11 个百分点。

（一）沿黄生态经济带资源禀赋良好，发展潜力巨大

沿黄生态经济带集中了全区 90% 以上的水资源，有 1600 万亩耕地，
1000 多万亩荒地，粮食产量占全区近 70%。全区煤炭已探明储量超过 310
亿吨，远景储量超过 2000 亿吨，且集中分布在沿黄经济区，风能、太阳
能等新能源发展势头良好，区域水、土、煤组合优势突出，已成为我国
"西煤东运""西气东输""西电东送"的重要基地。

（二）综合交通网络基本形成，区位条件不断改善

沿黄生态经济带位于国家西部一级开发轴"呼—包—银—兰"经济带
上，交通比较发达，已建成铁路、公路、航空相交织的立体运输网络，对
内对外交通框架基本形成。区域内部交通比较发达，已形成"两纵四横"
的高速公路网和"四纵五横"的干线公路网，实现了所有市县 10 分钟内
上高速。

（三）城镇化水平较高，城镇体系结构不断优化

沿黄生态经济带城镇化水平相对较高，2010 年城镇化率达到 60%。城
镇空间结构上表现为点—轴发展模式。经济产业活动沿着黄河和区域内的
交通干道延伸，初步形成特色优势产业集聚带；城镇体系基本形成，已形
成了区域中心城市、次中心城市和节点城市三个层次的城市等级体系结
构。中心城市辐射带动能力增强，统筹城乡作用明显。

（四）区域合作向纵深迈进，发展活力不断增强

沿黄生态经济带各市县山水相连、水乳交融的地域文化及相近的生产
力水平，为其开展区域合作、实现共同发展奠定了坚实基础。经济文化活
动日益密切，要素流动频繁。各市县在交通、商贸流通、旅游、农牧、环
保等领域开展了一系列合作，一体化趋势明显，与毗邻省区的合作初见成
效，国际合作趋向多元化。

（五）生态功能地位独特重要

沿黄生态经济带是宁夏及西北重要的生态功能区，黄河两岸"林带成网"、渠道纵横、阡陌相连，粮田绿地、湿地、湖泊、池塘、水库、河流等构成了独特的生态系统，具有涵养水源、保持水土、防风固沙、调节气候、保护农田、净化空气、提供食物能量、维持生物圈平衡等功能，也是西部生态屏障的重要组成部分。

三、以创建国家生态文明示范区为目标，推进沿黄生态经济带建设发展

打造沿黄生态经济带，必须深刻领会和全面贯彻五大发展理念，紧紧围绕自治区第十二次党代会的决策部署，大力实施生态立区战略，正确处理开发与保护的关系，努力走出一条具有宁夏特色的生态经济统筹发展之路。

（一）牢固树立生态优先的发展意识

良好的生态环境是生存之基、发展之本。宁夏因黄河而生、因黄河而兴，我们要自觉承担起保护母亲河的重要责任，全力打造生态优先、绿色发展、产城融合、人水和谐的沿黄生态经济带。沿黄地区是经济发展的核心区，环境承载力较大。打造沿黄生态经济带，推进黄河生态保护和绿色发展，是宁夏的历史使命和政治担当。全区上下要充分认识到打造沿黄生态经济带的重大意义，牢固树立"保护生态环境就是保护生产力、改善生态环境就是发展生产力"的理念，坚持生态优先、绿色发展，主动承担起维护西北乃至全国生态安全的重要使命，像保护眼睛一样保护黄河沿岸生态，让母亲河永葆生机活力。

（二）坚持强化规划引领的建设原则

严格落实沿黄生态经济带的空间规划，科学布局沿黄地区生产、生活、生态空间。打造沿黄生态经济带，要把生态文明建设融入经济建设、

政治建设、文化建设、社会建设各方面和全过程，及时研究编制沿黄生态经济带发展规划，推动经济社会建设与生态保护共赢。整合主体功能区、经济社会、土地利用、城乡建设、产业发展、生态保护等规划，实现多规合一，根据主体功能区定位，合理确定开发方向，管制开发强度，规范开发程序，创新开发方式，科学布局生产空间、生活空间、生态空间，确保一张蓝图绘到底。坚持产业化与城镇化"双轮驱动"，在发展产业的同时，注重功能区的建设，做到产业发展生活配套和生态建设同步规划、同步实施和同步发展，实现产城融合。加大对重点生态功能区、生态敏感区、脆弱区等重要区域的严格管控，建设天蓝地绿水净的美丽宁夏。

（三）严格实施水资源红线管理方案

水是生命之源、生产之要、生态之基。沿黄生态经济带要严格控制开发强度、提高开发水平、实行最严格的水生态保护机制和水污染防治制度，让母亲河永远健康。水是制约宁夏发展的一大瓶颈。打造沿黄生态经济带，要落实最严格水资源管理制度，严守用水总量控制、用水效率控制、水功能区限制纳污"三条红线"。

（四）坚持走绿色发展之路

实施绿色发展计划，发展生态经济，最根本的是加快经济转型发展步伐。按照绿色循环低碳的要求，推动沿黄地区产能改造提升、园区整合发展、产业有序转移。发展节能环保的高端产业和循环经济，建设一批生态产业园区，构建科技含量高、资源消耗低、环境污染少的生态经济体系。打造沿黄生态经济带，要积极推进供给侧结构性改革，大力推动绿色转型，培育经济发展新动能。实施创新驱动战略，加大技术改造和产业技术升级力度，运用高新技术和先进适用技术改造提升能源、化工、冶金、装备制造等产业，大力发展智能制造，促进经济发展由资源依赖型向创新驱动型转变。加大园区升级改造和整合力度，推动优势产业向园区集中，引导园区培育特色鲜明的产业集群。大力发展循环经济，推进重点行业、重点企业培育发展相关和下游产业，不断延伸产业发展链条，打造具有宁夏区域特色和产业特色的循环经济产业链。积极创建一批融生态产业链设计、资源循环利用为一体的生态工业园区和循环经济工业园区。加快转变资源利用方式，加强资源节约和综合利用管理，降低资源消耗强度，最大可能提高能源和资源的利用效率。

（五）倡导绿色生活方式

推动生活方式绿色化是推动人与自然和谐发展、实现生态文明建设的重要途径。推广绿色低碳的生活方式，不仅需要人们在衣食住行等方面自觉做出绿色选择，更需要在改变消费理念、推动全民行动、完善保障措施等方面协调推进。利用世界环境日、世界地球日、森林日、水日、湿地日、低碳日等纪念日，集中组织开展环保主题宣传活动，大力传播绿色发展理念，切实增强公民的生态文明意识。倡导绿色生活和休闲模式，推动人们在衣食住行游等领域加快向勤俭节约、绿色低碳、文明健康的方式转变，逐步培育生活方式绿色化的习惯。加强组织领导和工作指导、加大工作推进力度，协调和引导社会力量积极参与，形成有序推进生活方式绿色化的工作机制。

四、结　语

习近平总书记在十九大报告中指出，必须树立和践行绿水青山就是金山银山的理念，坚持节约资源和保护环境的基本国策，像对待生命一样对生态环境，统筹山水林田湖草系统治理，实行最严格的生态环境保护制度，形成绿色发展方式和生活方式，坚定走生产发展、生活富裕、生态良好的文明发展道路，建设美丽中国，为人民创造良好生产生活环境，为全球生态安全作出贡献。

深入调查研究沿黄生态经济带发展背景及现实基础，通过对自治区十二次党代会报告中关于沿黄生态经济带战略部署报告进行深入解读，探讨沿黄生态经济带建设和发展的思路及模式，提出以创建国家生态文明示范区为目标，大力实施生态立区战略，正确处理开发与保护的关系，努力走出一条具有宁夏特色的生态经济统筹发展之路。宁夏沿黄生态经济带建设发展将会迎来更美好的明天，将会为宁夏"走出中国，走向国际"奠定良好的基础。宁夏的明天将会更美好。

宁夏建设节水型社会研究

吴 月

宁夏地处我国西北内陆，水资源短缺已成为经济社会发展的主要瓶颈。本文分析了宁夏水资源利用现状及存在的问题，提出宁夏要从区域的水资源和水环境承载力出发，调整产业结构，建立与水资源承载力相适应的经济结构体系；改革用水制度，严格落实水资源管理制度，加强城乡水资源一体化管理，建立农业、工业、生活等社会各业用水定额管理，加大用水总量控制、用水效率控制和纳污总量控制；合理配置水资源，采取以农业节水为主、工业节水为辅、生活节水和非常规水源利用为补充的节水措施，建立适合宁夏地区的水工程体系；形成政府调控、有偿流转、公众参与、与小康社会相适应的社会管理体系。宁夏应继续优化供用水结构，以水资源的可持续利用保障经济社会的可持续发展，加快推进宁夏节水型社会与水生态文明建设，以期为政府部门规划及决策提供科学依据。

一、宁夏概况

（一）区位条件

宁夏回族自治区位于中国的西北，黄河上游，东连陕西、南接甘肃、北与内蒙古自治区接壤，是中国东西轴线中心、连接华北与西北的重要枢纽，地理位置独特。国土面积 6.64 万 km²，总人口 675 万人[1]，是我国 5 个少数民族自治区之一。

（二）气候水文条件

宁夏跨我国东部季风区和西北干旱区，西南靠近青藏高寒区，属温带大陆性干旱、半干旱气候[2]。按全国气候区划，最南端（固原市的南半部）属中温带半湿润气候区，固原市北部至同心、盐池南部属中温带半干旱气候区，中北部属中温带干旱气候区[3]。全年平均气温 5.3 ~ 9.9℃，年均日照时间 2800 ~ 3100 h，太阳辐射达 148 Cal/cm²·a，年降水量在 150 ~ 600 mm 之间（年均降水量约 300 mm），降水分布不均匀，集中在 6—9 月且多暴雨，年蒸发量约1000 mm[4]。根据图 1 可以得出：全区南湿北干，降雨量小而蒸发量大，导致全区干旱少雨、缺林少绿、生态环境脆弱。

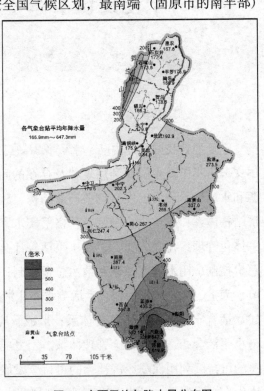

图 1 宁夏平均年降水量分布图

①数据来源：《宁夏经济要情手册（2016）》。

②谢增武，王坤，曹世雄著：《宁夏发展沙产业的社会、经济与生态效益》，《草业科学》2013 年第 30 期，第 478—483 页。

③自治区人民政府关于印发宁夏回族自治区主体功能区规划的通知（宁政发〔2014〕53 号），2014 年。

④百度百科，http://baike.baidu.com/link?url=Zs44-gkNuF6LESl20pJ_FQJvG7cl_e58hW7Os7S_5MzDi3bZ-XvUjndhr6nrawR6bwLIGnEsPrOVqfdiMmHUWK.

黄河流经宁夏 397 km，国家分配的黄河可用水量 40 亿 m³。黄河水宁夏段水面宽阔、水流舒缓，十分有利于引水灌溉。

（三）宁夏水资源开发利用现状

1.水资源总量

2016 年宁夏全区降水总量 155.927 亿 m³，折合降水深 301 mm，较多年平均偏多 4.3%（见图 2），属平水年；地表水资源量 7.472 亿 m³，折合径流深 14.4 mm，比多年平均减少 21.3%（见图 3）；地下水资源量 18.571 亿 m³，水资源总量 9.584 亿 m³，地下水与地表水资源量之间的重复计算量为 16.459 亿 m³（见表 1）。①

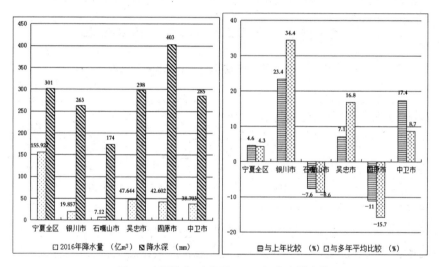

图 2　宁夏各行政分区 2016 年降水量变化

①数据来源：2016 年宁夏水资源公报。

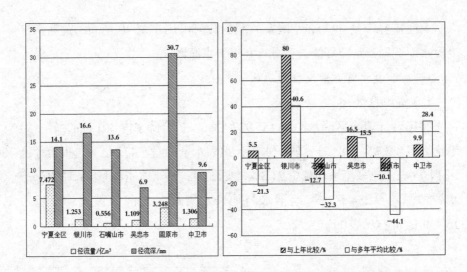

图3　宁夏各行政分区2016年地表水资源量变化图

表1　　宁夏各行政分区2016年水资源总量

单位：亿 m³

行政分区	计算面积 （km²）	年降水量	地表水 资源量	地下水 资源量	重复 计算量	水资源 总量
宁夏全区	51800	155.927	7.472	18.571	16.459	9.584
银川市	7542	19.857	1.253	6.234	5.545	1.942
石嘴山市	4092	7.120	0.556	3.658	3.203	1.011
吴忠市	15999	47.644	1.109	3.716	3.492	1.333
固原市	10583	42.602	3.248	1.867	1.381	3.734
中卫市	13584	38.703	1.306	3.096	2.838	1.564

2.引黄灌区引水量与排水量

2016 年宁夏引扬黄河水量 56.090 亿 m³，其中卫宁灌区 16.079 亿 m³，青铜峡灌区 38.058 亿 m³；灌区各排水沟直接排入黄河水量 28.516 亿 m³，其中卫宁灌区 5.459 亿 m³，青铜峡灌区 22.640 亿 m³。[①]

---

①数据来源：2016年宁夏水资源公报。

3.蓄水量

2016 年宁夏山区各县中小型水库年末蓄水量合计 3293 万 m³ [①]，与 2015 年同期蓄水量相比，西吉县（+217 万 m³）增加，泾源县（0）未变化，彭阳县（−176 万 m³）、海原县（−242 万 m³）、原州区（−303 万 m³）减少量小，隆德县（−874 万 m³）减少明显。

宁夏平原区地下水检测控制面积为 7126 km²，其中青铜峡灌区面积为 5651 km²、地下水检测控制面积为 5504 km²，卫宁灌区检测控制面积为 922 km²，固海扬水灌区检测控制面积为 700 km² [②]（见表 2）。

表2　　2016 年宁夏平原区地下水动态

单位：m，km²

灌区		项目	埋深				年平均地下水动态（与 2013 年对比）			合计
			<1.0	1.0~1.5	1.5~2	>2	上升区	稳定区	下降区	
青铜峡灌区	合计	面积	570	1512	1113	2309	26	5283	195	5504
		%	10	28	20	42	0.5	96	3.5	100
	银北片	面积	平均 1.72				26	1636	26	1688
		%					2	96	2	100
	银川片	面积	平均 2.63				0	1854	0	1854
		%					0	100	0	100
	银南河东片	面积	平均 2.22				0	633	169	802
		%					0	79	21	100
	银南河西片	面积	平均 2.52				0	1160	0	1160
		%					0	100	0	100
卫宁灌区		面积	48	97	340	437	0	922	0	922
		%	5	11	37	47	0	100	0	100
合计		面积								700
中宁片		花豹湾年均埋深 24.36m（−0.07m），长头山农场气象站 19.09m（−0.05m），长头山农场七队 40.09m（+0.38m），总体处于稳定状态。								

①②数据来源：2016 年宁夏水资源公报。

续表

固海灌区	同心片	同心农场 34.06m(+0.80m)，李套子 14.20m(+1.24m)，罗家河湾 21.37m(+0.31m)，沙嘴城 20.32m(-0.04m)，黑家套子 12.28m (+1.50m)
	海原片	七营镇南 10.18m(-0.48m)，八百户 21.66m(-0.04m)，李旺中学 18.26m(+0.56m)
	红寺堡灌区	地域面积 1199km²，地下水处于稳定状态

宁夏存在 5 个地下水超采区，超采区总面积 741 km²，包括银川市 1 个，面积 294 km²，超采量 1987 万 m³，漏斗中心水位埋深 18.26m，比 2015 年上升 0.65 m；石嘴山市 4 个，面积 447 km²，超采量 796 万 m³，漏斗中心水位有升有降，水位总体处于稳定状态[①]。

4.供水量与用水量

2016 年全区总供水量 64.891 亿 m³ [②]，其中黄河水占总供水量的 90.0%，地下水占 8.2%，当地地表水占 1.5%，污水处理回用水占 0.3%。按行政区分布来看（见表3），黄河水分配由多到少依次为吴忠市、银川

表3 宁夏各行政分区 2016 年供水量

单位：亿 m³

行政分区	地表水源供水量			地下水源供水量	污水处理回用	总供水量
	小计	黄河水	当地地表水			
宁夏全区	59.366	58.376	0.990	5.306	0.219	64.891
银川市	14.064	14.051	0.013	2.036	0.097	16.197
石嘴山市	8.731	8.681	0.051	1.143	0.036	9.911
吴忠市	14.380	14.325	0.055	0.893	0.018	15.291
固原市	0.906	0.109	0.797	0.538	0.017	1.461
中卫市	11.183	11.109	0.074	0.683	0.041	11.907
宁东	1.647	1.647		0.013	0.010	1.670
农垦系统	6.155	6.155				6.155
其他	2.299	2.299				2.299

①②数据来源：2016 年宁夏水资源公报。

市、中卫市、石嘴山市、农垦系统（包括劳改农场、学校、企事业单位等）、宁东、固原市；当地地表水供水量由多到少依次为固原市、中卫市、吴忠市、石嘴山市、银川市；地下水供水量由多到少依次为银川市、石嘴山市、吴忠市、中卫市、固原市；污水处理回用主要集中于银川市、中卫市和石嘴山市。

2016 年全区行业总用水量 64.891 亿 m³ [①]，其中农业用水量为 57.720 亿 m³（包括湖泊补水 1.805 亿 m³），农业灌溉面积 879.7 万亩（其中高效节

表 4　宁夏各行政分区 2016 年用水量

单位：亿 m³

行政分区	农业取水量		工业取水量		城镇生活取水量		农村人畜取水量		总取水量	
	合计	其中地下水	合计	其中地下水	合计	其中地下水	合计	其中地下水	合计	其中地下水
宁夏全区	57.720	1.296	4.389	1.638	2.111	1.916	0.671	0.456	64.891	5.306
银川市	13.893	0.159	1.026	0.616	1.151	1.134	0.127	0.127	16.197	2.036
	24.1%	12.3%	23.4%	37.6%	54.5%	59.2%	18.9%	27.9%	25.0%	38.4%
石嘴山市	8.651	0.215	0.890	0.580	0.316	0.294	0.054	0.054	9.911	1.143
	15.0%	16.6%	20.3%	35.4%	15.0%	15.3%	8.0%	11.8%	15.3%	21.5%
吴忠市	14.308	0.212	0.455	0.256	0.315	0.287	0.213	0.138	15.291	0.893
	24.8%	16.4%	10.4%	15.6%	14.9%	15.0%	31.7%	30.3%	23.6%	16.8%
固原市	1.081	0.449	0.081	0.029	0.150	0.037	0.149	0.023	1.461	0.538
	1.9%	34.6%	1.8%	1.8%	7.1%	1.9%	22.2%	5.0%	2.3%	10.1%
中卫市	11.192	0.261	0.408	0.144	0.179	0.164	0.128	0.114	11.907	0.683
	19.4%	20.1%	9.3%	8.8%	8.5%	8.6%	19.1%	25.0%	18.3%	12.9%
宁东	0.141		1.529	0.013					1.670	0.013
农垦系统	6.155								6.155	
其他	2.299								2.299	

①数据来源：2016 年宁夏水资源公报。

水灌溉面积 265 万亩）；工业用水量 4.389 亿 m³；城镇生活用水量 2.111 亿 m³；农村人畜用水量 0.671 亿 m³（见表 4）。分行业地下水用水量由大到小依次为：工业＞城镇生活＞农业＞农村人畜用地下水。按行政区分布来看，银川市用水量最多，其他地区依次为吴忠市、中卫市、石嘴山市和农垦系统，以上约占 91.6%；农业用水量中，吴忠市与银川市之和约占 50%，固原市最少；工业用水量中，宁东、银川市与石嘴山市三者合计占 78.5%；城镇生活用水量中，银川市与石嘴山市合计占 69.5%；农村人畜用水量由多到少依次为吴忠市、固原市、中卫市、银川市、石嘴山市。

2016 年宁夏全区总耗水量 33.485 亿 m³[①]，其中耗黄河水 29.916 亿 m³，耗地下水 2.498 亿 m³，耗当地地表水 0.881 亿 m³，耗中水 0.190 亿 m³（见图 4）。分行业耗水量中，农业耗水量占总耗水量的 86.8%，工业占 9.3%，农村人畜占 2.0%，城镇生活占 1.9%。按行政分区耗水量来看，吴忠市耗水量最多，其他地区依次为中卫市、银川市、石嘴山市、农垦系统、宁东、其他、固原市（见表 5）。

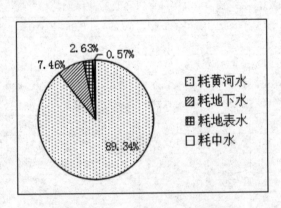

图 4　2016 年宁夏耗水量统计图

---

①数据来源：2016 年宁夏水资源公报。

表5　　宁夏各行政分区 2016 年耗水量

单位：亿 m³

行政分区	农业耗水量		工业耗水量		城镇生活耗水量		农村人畜耗水量		总耗水量	
	合计	其中地下水	合计	其中地下水	合计	其中地下水	合计	其中地下水	合计	其中地下水
宁夏全区	29.067	0.944	3.125	0.535	0.622	0.563	0.671	0.456	33.485	2.498
银川市	5.690	0.096	0.607	0.201	0.337	0.332	0.127	0.127	6.761	0.756
石嘴山市	3.557	0.129	0.466	0.176	0.092	0.086	0.054	0.054	4.169	0.445
吴忠市	8.604	0.163	0.228	0.102	0.093	0.085	0.213	0.138	9.138	0.488
固原市	0.886	0.359	0.046	0.009	0.047	0.011	0.149	0.023	1.128	0.402
中卫市	6.568	0.197	0.257	0.047	0.053	0.049	0.128	0.114	7.006	0.407
宁东	0.141		1.521						1.662	
农垦系统	2.472								2.472	
其他	1.149								1.149	

二、宁夏水环境质量

（一）地表水环境质量

宁夏地表水水质介于地表水Ⅱ至劣Ⅴ类[①]，其中黄河干流清水河不同水文站测得水质分别为地表水Ⅱ至劣Ⅴ类；苦水河下游河段有少量工业废水、污水的汇入，水体受污染严重，导致河水水质差，为地表水劣Ⅴ类；排水沟中除贺兰山东麓大武口沟的水质较好（为地表水Ⅱ类）、望洪堡第一排水沟的水质为地表水Ⅲ类、第五排水沟为地表水Ⅳ类，其余排水沟的水体都受到污染，为地表水劣Ⅴ类；隆德县三里店水库、西吉县夏寨水库、原州区沈家河水库、彭阳县石头崾岘水库污染都比较严重，为地表水劣Ⅴ类。

---

①数据来源：2016 年宁夏水资源公报。

主要超标项目为氨氮、总磷、总氮、五日生化需氧量、氟化物、挥发酚等。

（二）地下水环境质量

宁夏境内浅层地下水埋深较浅、矿化度较高、受季节影响变幅较大，深层承压水受季节影响较小、水质较好。全区范围内作为饮用水源的承压水水质均符合《地下水水质标准（GB/T14848—93)》Ⅲ类标准。检测资料显示，全区地下水 TDS < 2.1 g/L。

三、宁夏节水型社会建设存在的主要问题

（一）水资源短缺对经济社会发展的约束性日趋明显

宁夏当地水资源短缺，经济社会发展主要依赖限量分配的黄河水，加之用水效率和效益较低，加剧了水资源短缺形势。

（二）经济社会发展加剧了水生态环境的压力

随着经济社会的发展，所产生的水环境污染、水生态破坏给原本已很脆弱的生态环境带来了更大压力，如北部引黄灌区排水沟水质差；农业面源污染不断加剧，河湖水体水污染尚未得到有效遏制。

（三）节水型社会建设的体制与机制尚不完善

全区应严格执行节水法律法规及各项规章制度，水资源管理体制需进一步提高，公众节水意识有待增强；水价改革、水权交易等有待进一步探索；生态补偿机制不完善，水土保持补偿费征收有待加强；水利信息化建设要进一步加强，水资源监控体系有待进一步完善，水利公共服务和社会管理能力有待进一步提高。

（四）水生态与水环境持续恶化

北部引黄灌区土壤盐渍化和水污染情况严重；中部干旱风沙区土地荒漠化与沙化严重，群众生活生产用水难度大；南部黄土丘陵区水土流失严重，自然环境十分恶劣，难以承受大规模的开发利用。

（五）缺乏科学合理的绩效考核体系

我国的节水型社会建设起步较晚，如何科学、合理地对节水型社会的建设绩效进行评价，是当前节水型社会建设迫切需要解决的问题，也是节水型社会建设有效实施的基本保证。

（六）节水认识不足，技术落后

社会公众对节水型社会建设的认识不足，缺乏节水意识，政府及有关部门对节水技术的推广和宣传力度不够。无论是农业、工业节水技术，还是生活用水习惯、节水器具、污水处理等方面，宁夏的节水技术投入力度、推广及实施都较落后。

四、宁夏节水型社会建设

节水型社会建设是社会经济系统、生态环境系统和水资源系统组成的复合系统发展到一定程度的必然要求。由于水资源本身具有可再生、不可替代的基本特性，在社会经济系统不断发展的要求下，当该复合系统的平衡受到水资源系统的承载能力限制时，欲使该系统的平衡得以维系，建设节约型社会就成为唯一的选择。2005 年，经国务院批准，宁夏被列为全国第一个省级节水型社会建设试点。

宁夏回族自治区按照"节水优先、空间均衡、系统治理、两手发力"的治水思路，以节水型社会示范省建设为核心，落实最严格的水资源管理制度，以节水为基础，坚持开源与节流并重、内部挖潜与外延增水相结合的原则，统筹安排全区水资源，优化用水结构，平衡空间配置，提高水资源利用效率。在节水型社会建设总体思路基础上，应紧紧围绕建立与水资源承载能力相适应的经济结构体系、建立与现代水权制度相适应的水资源管理体系、建立与水资源优化配置相适应的水工程体系、建立与小康社会相适应的社会管理体系等四个体系建设，积极探索和实践节水型社会建设①-⑰。

（一）调整产业结构，建立与水资源承载能力相适应的经济结构体系

宁夏节水型社会建设的重点之一是调整产业布局和结构，建立与水资源承载能力相适应的经济结构体系，提高水资源的利用效益。宁夏地区生产总值自 1978 年的 13 亿元增长到 2016 年的 3150.1 亿元，增幅较大，且

---

①何宏谋，姜丙洲，罗玉丽著：《关于节水型社会建设主要内容的探讨——以宁夏节水型社会建设为例》，《水利发展研究》2007 年第 7 期，第 28—30 页。

②自治区人民政府关于印发宁夏空间发展战略规划的通知，2015 年 6 月 13 日。

③李红宾，马纪，朱巧荣著：《建设宁夏节水型社会的保障措施》，《节水农业》2009 年第 8 期，第 28—29 页。

④黄国峰，司建宁著：《宁夏节水型社会建设不同区域模式探索》，《人民黄河》2012 年第 34 期，第 78—80 页。

⑤何宝银，刘学军著：《宁夏节水型社会建设成效与经验》，《人民黄河》2009 年第 31 期，第 13—14 页。

⑥李红梅，陈宝峰著：《宁夏节水型社会建设评价指标体系研究》，《水利水文自动化》2007 年第 33 期，第 42—46 页。

⑦何军红著：《宁夏节水型社会建设试点的主要做法》，《北京农业》2014 年第 9 期，第 267 页。

⑧王建华，何宏谋，詹红丽，等著：《宁夏节水型社会建设效果预测与分析》，《中国水利》2006 年第 9 期，第 10—12 页。

⑨吴生荣，王楠著：《宁夏节水型社会建设研究》，《宁夏农林科技》2011 年第 52 期，第 86—87 页，第 117 页。

⑩袁进琳，叶建桥，姜丙洲，等著：《宁夏节水型社会经济结构体系建设》，《中国水利》2006 年第 9 期，第 4—6 页。

⑪马海峰，司建宁，景清华著：《宁夏节水型社会试点建设目标实现评估及对策研究》，《中国农村水利水电》2013 年第 3 期，第 75—77 页。

⑫张治平，方彦，史晓明，等著：《宁夏节水型社会水工程及节水技术体系建设》，《中国水利》2006 年第 9 期，第 7—9 页。

⑬李海霞，王景山，景清华著：《以节水型社会示范省区建设为核心推进宁夏水生态文明建设》，《水利发展研究》2015 年第 15 期，第 66—68 页。

⑭张继群，张国玉，陈书奇著：《节水型社会建设实践》，中国水利水电出版社，黄河水利出版社，2012 年。

⑮刘伊生著：《节水型社会建设研究》，北京交通大学出版社，2015 年。

⑯齐云峰，代影君，高洪生，等著：《城市节水技术和管理方法研究》，中国水利水电出版社，2013 年。

⑰城市节水评价标准，中华人民共和国国家标准 GB/T51083—2015。

第一产业比重明显下降，第二产业持续上升至 2011 年后开始下降，第三产业比重明显上升。2016 年宁夏农业生产消耗水量占国民经济总耗水量的比例高达 86.8%。表明：宁夏自 2005 年进行节水型社会建设后经济发展迅速，第一产业与第二产业通过水权转换得到快速发展；农业生产消耗水量大，第二产业以煤炭等矿产资源消耗水量大。

宁夏产业布局和经济结构调整的关键是调整产业结构和农业种植结构，有效实现节水，通过水权流转将水资源向能源重化工行业流转，提高水资源的利用效益。农业要在稳定粮食总产的基础上，走特色、高质、高端、高效的发展路子，抓好葡萄、草畜、瓜菜园艺和农产品加工业，即压缩高耗水粮食作物面积、扩大优质饲草和高效经济作物面积，建立布局合理的"粮—经—草"三元种植体系；工业要以提高发展质量和效益为核心，推进产业优化升级，做强煤炭、煤化工等一批优势产业，实施"五大十特"工业园区的提质和企业升级，抓好新能源、新材料等产业发展，在淘汰一批落后和过剩产业的同时，改造提升轻纺加工业、冶金、石化、建材等一批传统产业；生活用水方面重点是城镇生活节水，在保证不降低城镇生活用水标准的前提下，积极开展城市供水管网改造工作，加大实施再生水回用工程建设，继续实行阶梯式水价，强化计划用水和定额管理，加大节水型企业、单位、学校和社区的建设力度，推广使用节水器具。在优化产业结构的同时，进一步优化三产用水结构，以有限的水资源支持全区经济社会的可持续发展。在节水型社会建设中，重点围绕宁东能源重化工、新材料产业、特色农产品加工业三大基地和"大银川"的建设，大力推进工业化、农业产业化和城镇化进程，逐步形成合理的宏观社会经济结构与布局。

（二）改革用水制度，建立与现代水权制度相适应的水资源管理体系

水资源作为一种特殊的商品，加之长期以来形成的用水习惯，水资源的管理体系已经难以适应社会经济发展要求，因此，急需开展水权、水市

场理论的探索，改革用水制度，建立与现代水权制度相适应的水资源管理体系。

宁夏节水型社会建设的水资源管理体系，应在水权、水市场理论的指导下，以初始水权的分配为切入点，以改革和理顺水资源管理体制，建立有效的节水机制，提高水资源利用效率等为宁夏节水型社会建设的核心内容。通过体制、机制和制度建设，加强取水、配水、用水、排水、回用等全过程的科学管理，实现水资源集约高效利用。

1. 节水增效，优化用水结构

大力实施农业节水工程，积极推进工业节水和城市生活节水，开展水权置换，优化用水结构，有效支撑宁夏经济、社会、生态可持续发展。

以提高灌溉水利用效率和发展高效节水农业为核心，建设高效输配水工程，推广和普及田间喷灌、滴灌等高效节水技术，全面提高农业节水水平。合理调整工业布局，严格市场准入，推广工业节水技术，提高企业用水循环利用水平。完善城乡供水设施，加快城乡供水管网改造，提高节水器具普及率。

2. 多源共济，争取客水支持

协调推进南水北调西线工程前期工作，积极争取更多的客水支持。鼓励水资源梯级循环利用，加强水源涵养和雨洪利用，实现水资源的高效利用。

合理开发利用地表水、地下水，根据水资源供需状况，逐步提高再生水、雨洪水、苦咸水、矿井水等非常规水源的利用水平。加快推进大柳树水利枢纽工程建设，进一步争取黄河水供水量指标。

3. 因地制宜，完善水资源配置格局

按照"北部节水增效、中部调水集蓄、南部涵养开源"的分区治水思路，多水源、多工程联合调度，实现黄河水、泾河水、当地水和非常规水的"多水"共用，形成"山川统一配置、城乡统筹兼顾、年际丰枯相济"

的水资源配置格局。

4.建立健全相关制度

建立健全用水总量控制、定额管理制度、水价制度、水权交易制度和水资源有偿使用制度，水资源规划制度、论证制度、排污许可制度和污染者付费制度，建立节水产品认证和市场准入制度等。

（三）合理配置水资源，建立与水资源优化配置相适应的水工程体系

建立与水资源合理配置及可持续利用相适应的水工程体系是节水型社会建设的重要基础。宁夏应根据北部引黄灌区、中部风沙干旱区和南部山区的不同特点，确定各分区水工程建设总体布局。重点加强宏观调配工程、农业及其他用水行业节水技术工程、饮水安全保障工程、非常规水源利用及水生态环境保护工程建设，对各类工程设施进行有机整合，实现单一工程多用、多项工程联用，提高水工程的配置效率和综合利用效益。具体措施：北部引黄灌区，以节水为中心，加快实施青铜峡、沙坡头灌区续建配套等节水改造工程，科学统筹使用地表水、合理利用潜水、控制开采深层承压地下水，重点推广水稻旱育稀植控灌技术和小畦灌、井渠结合灌溉、微灌等节水灌溉技术，以农业节水增效支撑重点产业区发展。加大非常规水利用量，保障用水需求。中部干旱带，以发展特色农业节水灌溉为抓手，全面实施大中型扬水灌区高效节水改造和大型泵站更新改造工程，新建骨干调蓄水库，实现引黄水与当地水统一调配，重点推广高效补灌、沟灌、喷滴灌和蓄水池结合的管灌输水技术，完善供水网络体系。南部黄土丘陵区，以当地水资源开发利用和保护为中心，科学涵养六盘山水源，加快建设固原地区水源工程、防洪减灾工程、雨洪水集蓄利用工程和水土保持生态建设工程，规划引洮工程，构建库坝井窖池联用体系。

1.水资源联合运用体系建设

通过地表水和地下水，常规水和非常规水等不同水源的统一调配，区内工程与区外工程、区内水利工程和水保工程，以及不同水利工程之间的

联合运用，农业、工业、生活和生态供水目标的系统整合，提高全区水安全保障程度。

2. 各业节水工程与技术措施

以农业节水为主体，以工业节水为保障，以生活节水和非常规水源利用为补充，抑制各业需水的快速增长，提高水资源利用效率和效益。

3. 水生态系统保护工程与措施

针对盐渍化、地下水超采、湿地湖泊退化和水土流失等问题，按照以人为本，点面结合，突出重点，分类实施的原则，切实保护好水生态，实现水生态系统的有效保护和适度修复。

4. 水环境治理工程

在推行清洁生产，推动产业结构升级和工艺改进，从源头上减少污染物排放量的同时，采取集中处理和分散处理相结合的方式，提高污水处理程度，强化污水处理回用和中水利用。

5. 建立并完善水监控及管理设施体系

建立并完善水情监测体系（包括地表水情、地下水资源信息、水环境信息、盐碱化监测等），建立并完善用水和排水计量体系（包括农业用水和城市用水等），实现水管理信息化。

（四）建立与小康社会相适应的社会管理体系

建立政府调控、市场引导、公众参与，与小康社会相适应的社会管理体系，在建设节水型社会中具有重要的作用。通过法律、经济、行政、技术、宣传等措施，开展广泛、持久的节水宣传教育，培育公众节水意识，树立正确的用水观念。

1. 强化政府宏观调控作用

各级政府要把节水型社会建设列入考核目标，按照管理权限将建设任务分解到各职能部门，统一安排、密切配合，做到责任、措施和投入三到位。实行领导负责制，结合水务、发改委、财政、科技、农牧、林业、经委、环保、城建等职能部门，确定区域社会经济建设目标。

2. 加大执法力度，依法保护节水型城市建设的正常秩序

认真贯彻落实《中华人民共和国宪法》《中华人民共和国水法》《中华人民共和国农业法》《中华人民共和国清洁生产促进法》《中华人民共和国循环经济促进法》《中华人民共和国水土保持法》《中华人民共和国环境保护法》《中华人民共和国排污法》等有关法律，配套、完善地方性法规。积极开展法制教育，普及法律知识，用法律规范全社会的取水、用水、节水行为，不断提高全民的法制观念，强化法律监督，依法查处和打击各种违法犯罪行为，创造良好的法制环境，为节水型社会建设提供法律保障。

3. 建立稳定的投入保障机制

拓宽筹资融资渠道，积极争取国家有关部门专项经费支持，同时加大地方配套资金的筹措力度，确保用于节水型社会建设的财政支出与全区财政支出同步增长。鼓励区内外社会各界积极参与城镇供水、节水灌溉、中小型水电、污水处理等项目的投资建设和经营管理。对于投资少、见效快的农村小型水利工程和水土保持、生态建设等项目，采取"官助民办"方式，由政府适量补助，受益者自筹解决。建立以国家和地方政府投资为主，以企业和社会投资为辅，积极引进外资的多元化投融资体系。

4. 组建专家委员会，为节水型社会建设提供咨询服务

以中国水利水电科学研究院为主要技术依托单位，聘请中国工程院、中国科学院和区内外知名专家组成专家指导委员会，为制定节水型社会的总体规划、政策措施和重大技术问题提供咨询服务。针对建设中出现的重大技术问题，积极开展科学研究，进行科技攻关，研制、开发、推广节水新技术、新产品，为节水型社会建设提供技术支撑。

5. 加强节水宣传教育

逐步促使全体公民树立资源有价、用水有偿、水是商品以及节约和保护水资源的意识，大力倡导文明的生产和消费方式，形成节约水光荣、浪

费水可耻的社会风尚，建设与节水型社会相符合的节水文化。

6. 实行生态移民，减轻水资源压力

有计划地实行生态移民，通过劳务输出，引导农民向乡镇和城市转移，合理调整人口布局，减轻水资源的压力，实现人口、资源、环境协调发展。

7. 建立节水型社会考核评价体系

根据《中共中央国务院关于加快水利改革发展的决定》和《关于实施最严格的水资源管理制度的意见》，建立水资源管理责任和考核制度。由县级以上地方政府主要负责人对本行政区域水资源管理和保护工作负总责，由水行政部门会同其他部门对各地区水资源管理状况进行考核，并将考核结果纳入领导干部考核评价体系，将水量水质检测结果作为考核的技术手段，主要包括农业、工业、居民生活、生态的用水量计算及考核评价体系。

五、宁夏节水型社会建设实施效果评估

（一）节水效果

1. 用水效率和效益显著提高

宁夏 2005 年总取水量为 78.075 亿 m^3、总耗水量为 40.993 亿 m^3，人均取水量为 1310 m^3，万元 GDP 取水量为 1274 m^3，万元 GDP 耗水量为 669 m^3。通过节水型社会建设，2015 年全区总取水量为 70.367 亿 m^3、总耗水量为 36.580 亿 m^3，人均取水量为 1054 m^3，万元 GDP 取水量为 242 m^3，万元 GDP 耗水量为 126 m^3。表明：宁夏自 2005 年进行节水型社会建设后，万元 GDP 用水量与万元 GDP 耗水量 2015 年较 2005 年降低了约 4/5，工业万元增加值取水量较 2007 年的 101 m^3 降低到 44 m^3，显示宁夏用水效率和效益显著提高。

2. 宏观用水结构得到优化

宁夏现状取水结构中，2015 年农业取水较 2005 年比重降低了 2.7%、工业取水增长了 1.79%，城镇生活取水增加了 0.86%，农村人畜取水增加

了 0.05%；全区现状耗水结构中，2015 年农业耗水较 2005 年比重降低了 5.68%、工业耗水增长了 4.91%、城镇生活耗水增加了 0.65%，农村人畜耗水增加了 0.12%。表明：宁夏宏观用水结构得到明显优化，耗黄水量基本控制在允许耗黄指标 41.5 亿 m³ 以内，实现了在人口、城镇化、GDP 等快速增长的情况下，区域用水总量保持负增长。

（二）区域水安全保障作用

通过节水型社会建设，宁夏水安全保障程度明显提高，全区实现了供需基本平衡。安全饮水人口比例提高，全区农村饮水水质基本为Ⅲ类，只有少部分地下水矿化度略高于Ⅲ类标准。

（三）生态与环境影响

1. 水环境质量有明显改善

宁夏地区 COD 排放主要有两个来源，工业废水及生活污水。全区工业废水及生活污水中 COD 的排放主要集中在经济较发达、人口较密集、工业较集中的地区，其他地区水环境质量较好。2015 年水功能区达标率 75%，说明宁夏水环境质量越来越好。

2. 基本生态需水得到满足

城市水景观有明显改善，重点湖泊生态系统基本生态用水得到满足。

3. 土壤盐渍化得到改良

通过农业节水和浅层地下水开发，引黄灌区浅层地下水埋深上升区面积约占 0.40%，下降区面积约占 3.03%，稳定区面积约占 96.57%，表明灌区土壤盐渍化得到改良，农业生产条件有所改善，银川平原和卫宁平原绿洲生态维持在系统的稳定范围以内。

（四）对维持黄河健康生命贡献显著

1. 对黄河干流水量统一调度贡献显著

通过节水型社会建设，将传统的"大引大排"粗放利用方式变为"适当引排"集约利用方式，2015 年引扬黄河水量 62.032 亿 m³，较 2010 年引扬黄水量 64.599 亿 m³ 减少了 2.567 亿 m³，对黄河干流水量统一调度贡献显著。

2. 实现黄河宁夏出境断面水质不超标

宁夏地区对工业、生活污水处理和再生水利用力度加大，对黄河干支流水环境的保护有明显贡献。2015 年黄河干流入境断面下河沿全年水质类别为 Ⅱ 类，出境断面麻黄沟全年水质类别为 Ⅲ 类，表明出境断面水质达到标准。

（五）对全国节水型社会建设的示范作用

宁夏节水型社会建设试点为全国节水型社会建设积累经验并提供示范。主要经验：严格用水全过程管理是实现区域用水总量控制的根本措施；水权制度建设和水权转换对缺水地区实现工业反哺农业、发展工业化和农业现代化至关重要；西北地区建设节水型社会重在加快转变经济发展方式和产业结构战略性调整；涉水事务一体化管理体制改革，以总量控制为核心的水管理制度体系建设，以用水者协会为主要形式的公众参与管理，全方位的组织管理模式是推进节水型社会建设的重要组织保障；西北干旱区发展高效节水农业要因水制宜，发展不同类型区的农业节水技术改造和灌溉用水管理，注重种植结构调整，节水型农业经济结构体系建设，农村水费制度改革；全方位工业节水是缺水地区建设能源重化工基地的必要条件；应加强水资源联合调配体系建设，加强水生态与环境治理与保护等。

宁夏建设循环经济示范区研究

李晓明

循环经济是建立在物质不断循环利用基础上，以资源高效利用和循环利用为核心，坚持"减量化、再利用、资源化"原则，符合绿色发展理念的"低消耗、低排放、高效率"的发展模式。发展循环经济，是贯彻落实科学发展观，构建资源节约型和环境友好型社会，促进经济增长方式根本性转变的战略途径。十九大报告指出，贯彻新发展理念，建设现代化经济体系，在绿色低碳等领域培育新增长点、形成新动能。"十三五"是宁夏加快发展的重要战略机遇期，也是经济转方式调结构的重要窗口期，建设循环经济示范区，落实创新、协调、绿色、开放、共享发展理念，对于宁夏"一带一路"和生态文明建设，实现"换道超车"，促进经济社会又好又快发展具有十分重要的意义。

一、宁夏建设循环经济示范区的重要意义

（一）建设循环经济示范区，是宁夏贯彻落实科学发展观的必然选择

宁夏在资源总量上比较丰富，人均占有量较高，但利用效率低，同时

作者简介：李晓明，宁夏社会科学院办公室副科长，助理研究员，研究方向为农村发展、农业经济、生态移民等。

环境污染、生态恶化趋势依然存在。"十三五"是宁夏农业现代化、工业化、城镇化加速发展的关键时期，新常态下的资源约束和生态环境压力在不断加大。依靠资源高消耗支撑的经济快速增长的传统粗放型经济发展方式，资源难以为继，环境也不堪重负。在此背景下，建设循环经济示范区，发展循环经济，是贯彻落实科学发展观，坚持以人为本，实现经济、社会与自然协调、可持续发展的本质要求，是缓解资源约束矛盾和减轻环境污染的必然选择。

（二）发展循环经济，是宁夏培育新的经济增长点的现实选择

发展循环经济是提高资源利用效率、促进经济增长方式转变的内在动力。今后一个时期，要继续保持宁夏经济快速增长，必须在有限的资源存量和环境承载力条件下，通过循环经济建设，大力推行清洁生产，大幅度提高资源综合利用效率，才能从根本上转变传统的经济增长方式，实现从量的扩张到质的提高的转变，促进经济和环境协调发展。大力建设循环经济，进一步加强废弃物综合利用，加快建立生活垃圾及废旧物资回收利用系统和城市生活污水处理回用系统，充分开发利用各种再生资源，既有利于保护环境，又可以发展环保产业，形成新的经济增长点。

（三）发展循环经济，是宁夏实现"换道超车"的重大战略举措

宁夏地处黄河上游，是西部生态建设的核心区和重点区，有着独特的自然、人文资源和民族特色，也是我国主要的生态脆弱地带之一。宁夏经济发展长期存在着产业结构不尽合理、产品科技含量不高、科技成果产业化率低、资源消耗大、加工水平和附加值低等一系列问题。随着经济日趋全球化，国际竞争不断加剧，"绿色壁垒"日益凸显，越来越多的国家不仅要求末端产品符合环保要求，还规定从产品的研发、生产、运输、使用等各环节都要符合环保要求，对产业、产品和企业在国际市场的竞争力造成了严重的影响。宁夏发展循环经济，是参与国际竞争，突破"绿色壁垒"，提高经济效益和质量，增强综合实力和竞争力的可行之路。发展循

环经济，构建资源共享、相互协作配套的工农业、交通物流、旅游景观等现代产业和公益事业大循环的经济体系，把科技优势转变为产业优势和竞争优势，是西部欠发达地区"后发赶超"、实现"换道超车"的重大战略举措，是优化经济结构、扩大就业、增加居民收入的有力抓手，也是加快基础设施建设、改善发展环境和人居环境的重要切入点。

二、宁夏建设循环经济示范区的基础条件

从"十一五"开始，宁夏经过 10 年时间的发展，已基本形成促进循环经济发展的法律法规体系、政策支撑体系和比较有效的激励约束机制，产业结构趋向合理，资源利用效率大幅度提高，环境质量明显改善，基本形成了以循环经济发展模式为核心的农业、工业、服务业等现代产业体系和资源节约、环境友好的发展方式和消费模式。宁夏单位国内生产总值综合能耗逐年下降，已在全区重点领域、重点行业、重点企业建立多条循环经济主导产业链，循环经济示范城市、开发区和产业园区在逐年增加的基础上不断优化升级，已具备建设国家循环经济示范区的产业环境基础和较为完整的工作推进体系。

（一）宁夏建设循环经济示范区的主要举措

1. 规划先行，明确循环经济发展的目标与重点

循环经济体现的是一种长远的规划，而不是短期的利益，不同层次的综合性规划、专项规划的制定与衔接，是发展循环经济的前提。宁夏出台了《宁夏回族自治区循环经济"十一五"发展规划》《宁夏回族自治区循环经济"十二五"发展规划》，不断总结循环经济发展经验，明确循环经济发展的目标任务和保障措施，促进形成循环经济发展的法律法规体系，建立循环经济链条，推动经济结构调整和转型升级，努力建设循环经济示范区。

2. 政策导航，激励与约束并行

"十一五"期间，自治区先后制定了《宁夏回族自治区实施〈中华人民共和国节约能源法〉办法》《宁夏回族自治区实施〈国家鼓励的资源综合利用认定管理办法〉细则》《自治区固定资产投资项目节能评估和审查办法》，修订完善了《节能监察办法》和《关于进一步加强重点用能企业管理的意见》等政策法规，并建立了相关领导机构，切实推进了节能降耗和发展循环经济的法制化进程①。"十二五"时期，《宁夏回族自治区资源综合利用管理办法》《宁夏回族自治区清洁生产审核咨询服务机构管理办法》《宁夏回族自治区水污染防治工作方案》《宁夏回族自治区促进国家级经济技术开发区转型升级创新发展的实施意见》《宁夏回族自治区建设项目环境影响评价文件分级审批规定（2015年本）》等政策法规，从合理利用资源、提高资源综合利用效率、保护生态环境等各个方面，保障经济社会可持续发展。

3. 循环经济示范城市（试点）单位，以点带面推进循环经济发展

国家层面，宁夏积极组织申请国家循环经济示范城市（县）、试点单位建设，2014年，宁夏宁东能源化工基地、石嘴山市，通过国家循环经济试点示范单位的验收工作；2015年，宁夏石嘴山市、永宁县、青铜峡市入围开展国家循环经济示范城市（县）建设的地区。循环经济示范城市（试点）单位以提高资源产出率为目标，根据自身资源禀赋、产业结构和区域特点，实施大循环战略，把循环经济理念融入工业、农业和服务业发展以及城市基础设施建设。自治区层面，宁夏制订了《全区循环经济试点工作方案》，树立了一批循环经济的典型试点单位，逐年分批确定"循环经济试点城市、循环经济试点园区、循环经济试点企业"三个层次的循环经济试点单位和资源节约型和环境友好型的"两型"创建企业，以培育循环经

①摘自宁夏回族自治区人民政府网：《宁夏回族自治区循环经济发展"十二五"规划》，2013年。

济发展的中坚力量，探索适合我区的循环经济发展模式。

4. 优化产业结构，布局煤化工循环经济链条

宁夏宁东能源化工基地，作为宁夏煤炭主产区和最大的能源化工基地，积极布局循环经济产业，探索清洁使用煤炭的新型煤化工之路。一是通过一系列的准入门槛和政策倾斜，引导企业推行清洁生产，实现小循环层面污染物排放最小化。二是优化基地内规划，加强企业之间的循环耦合程度，使企业形成共生关系，推进中间层面的循环经济。三是在全社会层面加强资源回收和综合利用，推动整个区域大循环经济的发展。四是实施"全产业链"战略，筛选重点优势项目，积极实施产品结构调整，不断延伸产业链，实现资源优势向经济优势转化。目前，宁东基地已经建立了固体废弃物全面量化控制体系，形成统一管理运营、统一建设、统一收费标准的管理体系。宁东能源化工基地的优势产业和配套产业基本上纳入了循环经济系统，形成了以"煤炭—煤化工—建材""煤炭—焦化—化工—建材"等为代表的五条完整循环经济产业链。

5. 建设"两型"产业园区，助推循环经济发展

在产业园区建设之始，就按照建设资源节约型、环境友好型社会的要求，以资源的深度高效开发为主线，精心构建若干个循环产业的经济链，最大限度地实现资源的优化配置和合理开发。园区建设突出生态主题，科学合理布局项目，加快传统产业改造升级，大力推进节能减排和循环经济发展，增强产业集聚和生产集约功能，实现生态效益和经济效益的有机统一，着力建设资源节约型、环境友好型园区。另外，在宁东能源化工基地、各市各级工业园区等重点区域，开展大气污染联防联控工作，优化园区工业布局，调整产业结构；强化科技支撑，严格环境准入制度，从源头控制污染，建立了完善的环保经济政策，强化激励和约束机制。命名并表彰"自治区环境友好示范社区""自治区环境友好企业"、节能降耗先进单位先进企业先进个人和循环经济试点先进单位，进一步拓宽公众参与循

环经济发展渠道，健全环境管理体系，在环境保护、资源综合利用、环境宣传教育等方面发挥作用。

(二) 宁夏发展循环经济取得的成绩

1. 建成一批符合循环经济要求的先进试点示范单位

宁夏充分发挥工业园区和企业在生产组织中的主体作用，推动生态工业示范园区循环经济产业链条建设、引导企业节能降耗、循环利用和保护环境，呈现出企业积极自主节能降耗、加大科技创新力度、加大资金投入、进行结构调整和转型升级的现象，在原料循环利用、节能降耗、环境保护方面取得了较为突出的成绩。2012 年，宁夏建材集团股份有限公司获得由国务院发展和改革委员会授予的"全国循环经济工作先进单位"称号，并获通报表彰；2015 年，中宁工业获评"国家新型工业化产业示范基地"称号。

2. 农业循环经济体系初显成效

宁夏积极采取多种措施，建立了财政、发改、环保、农牧等部门联动协调机制，统筹研究推进秸秆综合利用的重大问题，制订推进秸秆综合利用规划，强化对秸秆利用工作的督促检查和考核。强力推进农作物秸秆综合利用工作，取得了阶段性的显著成效。目前，全区主要农作物水稻、小麦、玉米、马铃薯、小杂粮等秸秆可收集量 630 万吨，资源化利用总量为504 万吨，利用率 80%，居全国前列。初步形成了"种植户 + 加工配送中心 + 养殖户"的饲草料加工生产供应体系，市场化发展机制进一步完善，综合利用领域不断拓宽，培育了一批标准化肉牛养殖、优质饲草料种植、绿色生态牛肉深加工、有机肥环保加工于一体的种养加循环经济示范基地。实现了"草（粮）→牲畜→粪肥→草（粮）"的良性循环，逐步形成了"畜禽养殖—废弃物资源化—种植业"的良性复合型循环生态农业模式。

3. 城市再生资源回收利用体系逐步形成

宁夏将再生资源综合再利用作为资源的重要来源，目前现已建成再生资源回收市场、企业、站点和个体经营网点约 1400 家，每年废旧物资资源量约为 360 万吨，回收率约 54%。其中，灵武市再生资源循环经济示范区已成为国家级"城市矿产"示范基地，是西北地区最大的再生资源循环经济示范区，回收网络辐射周边五省区，主要涉及废旧金属回收再生、电子废弃物回收再利用、废铅酸蓄电池综合利用等相关行业，每年可实现产值达 70 亿元以上。淘汰落后产能，向高附加值的下游产业链延伸，走资源节约型、环境友好型之路，做负责任的企业，成为园区内企业的共识，城市再生资源回收利用体系逐步形成。

4.传统产业与新兴产业快速融合发展

在传统产业中建立了"热电—烧碱—电石—PVC 树脂—水泥联产""煤—电—电解铝—铝材深加工""煤—甲醇—醋酸—聚甲醛—烯烃"等一批循环经济产业链。特别是在"十二五"时期，宁夏结合本地发展实际，在新能源产业、新材料、先进装备制造业等领域建立起循环产业链，重点打造了光伏产业链、风电产业链、生物质产业链、铝镁合金生态产业链、稀有金属生态产业链、碳基材料产业链、数控机床循环经济产业链、煤机循环经济产业链和物流—物流网产业链等。循环经济产业链条，助推传统产业与作为宁夏循环经济发展重要领域的新兴产业融合发展，推动了宁夏经济结构调整和转型升级。

（三）宁夏建设循环经济示范区的有利条件

1.综合经济实力不断增强

"十二五"时期，宁夏地区生产总值达 2900 亿元，是 2010 年的 1.72 倍，年均增长 9.9%；人均地区生产总值达 43600 元，在全国排位由 19 名上升至 15 名。地方公共财政预算收入 363 亿元，是 2010 年的 2.4 倍，年均增长 18.8%；累计完成固定资产投资 13160 亿元，年均增长 22.8%。工业方面，宁夏已成为全国最大的煤制烯烃生产基地，且被列为全国首个国家新能源综合示范区。以现代纺织、葡萄酒酿造、云计算等为代表的新产业快速发展。现代农业方面，粮食生产连续 12 年丰收，人均粮食占有量居全国第 6 位。有 34 家"农"字号企业在"新三板"和区域性股权交易市场挂牌。服务业方面，服务业增加值首次超过工业增加值，以移动终端、互联网、大数据应用为代表的信息产业快速发展。基础设施不断完善，民生保障逐年加强。

2. 重大项目建设取得突破

"十二五"期间，宁夏完成了一系列重大项目建设：开建了世界单套装置规模最大、投资规模最大的神华宁煤 400 万吨煤制油项目，全区建成或在建的新型煤化工产能达到 587 万吨，成为全国最大的煤制烯烃生产基地；累计建成风电装机规模 606 万千瓦（年均增长 54%），光伏电站装机规模 267 万千瓦（年均增长 75.5%），新能源装机占总电力装机的比重达到 32%，成为全国首个国家新能源综合示范区；规划建设了贺兰山东麓葡萄文化长廊，酿酒葡萄种植面积达到 51 万亩，产量达到 20 万吨，建成投产酒庄 72 家，加工能力达到近 27 万吨，葡萄产业综合产值达 65 亿元，成为全国著名的葡萄酒生产基地。

3. 保障措施不断完善

自治区党委、政府高度重视发展循环经济工作，专门成立了循环经济领导小组，并先后出台了一系列鼓励和发展循环经济的政策保障措施。随着我国综合国力的提升，发展循环经济的物质技术保障得到加强。宁夏重工业特征明显，发展循环经济潜力大。随着社会主义新农村建设的加快，国家重视农村基础设施的投入，为发展农业循环经济提供了外部条件。广大消费者对产品和消费的环保与绿色方面的要求不断提高。宁夏已经启动节水型社会建设，积极开展绿色农业、无公害农业的认证与管理，加快推进清洁生产与 ISO14000 环境管理体系认证，循环经济发展有了一定的基础。财政收入、城乡居民收入等主要经济指标均有较大增长，文化、体育、卫生、环保、社会保障和社会福利等各项事业也快速发展，城市化水平明显提高，发展循环经济具有良好的经济社会基础。

三、宁夏循环经济发展实践中的困难与问题

宁夏经济总量小，面临着既要大力发展经济，又要保护好生态环境的艰巨任务，经济发展与人口、资源、环境的矛盾十分突出，发展循环经济还存在诸多困难和问题。

（一）对生态环境重要性与加快生态环境建设紧迫性的认识不足

对循环经济的科学内涵、建设机制与保障政策等问题还有待深入研究，促进循环经济建设的支持力度还要进一步加大。一些地方与部门重视和强调经济增长，忽视人与自然生态的相互协调，对发展循环经济的重要性和紧迫性缺乏足够认识，全民的资源意识、节能意识和环保意识有待进一步提高。

（二）经济结构不尽合理，经济增长方式亟待转变

宁夏经济发展正处于工业化的初级阶段，冶金、有色金属、石化、电力、造纸、水泥等一些消耗资源多、污染较重的行业技术水平总体不高，高新技术产业发展不快，粗放型经济增长方式未得到根本转变。企业规模和技术水平制约严重，各产业之间相互关联、相互协调、相互配套的关系比较松散，不仅直接影响到资源利用效率以及废弃物的资源化程度，而且污染监控成本较高，循环经济的技术推广成本也较高。发展循环经济所需要的污染治理技术、废物利用技术和清洁生产技术研发投入不足，先进适用技术尚未得到普遍的推广。

（三）环境问题依然严峻，政策法规缺乏约束力

宁夏水环境污染严峻，城镇固体废物以及生活垃圾急剧增加，但处理设施滞后，集中处理能力低下，严重影响城镇环境。此外，还存在噪声扰民、水土流失、矿区生态破坏等环境问题。随着人民生活水平的提高，废旧物资产生量越来越大，许多废旧物资不光有很高的再利用价值，还具有

高污染性。随着城镇化和工业化对农村生态环境的影响日益增加，农村环保压力愈来愈大。而农村环保设施建设严重滞后，环境监管能力薄弱，环保资金普遍短缺，使农村的环境保护和治理工作困难重重。政府已有相关的政策性文件，但落实政策还需要各部门之间的协调配合，提高政策法规的执行力和约束力。

（四）高级人才支撑体系有待加强

人才开发工程存在着总量不足，结构不尽合理，高层次人才、实用技能人才和经济建设急需人才少的问题。机制、制度、环境需优化完善，人才流失较为严重等诸多问题，在一定程度制约了经济发展和循环经济的发展。同时，国际国内的人才竞争和经济全球化趋势日益加强，直接对人才发展提出了严峻挑战。

四、宁夏建设循环经济示范区的对策建议

发展循环经济，主要目的就是从根本上解决传统经济发展模式中环境与发展之间的矛盾，推进资源节约型和环境友好型社会建设，形成节约资源、保护环境的经济结构、发展模式、消费方式，实现科学发展和又好又快持续健康发展。国家循环经济示范区是由国务院批准设立的，以污染预防为出发点，以物质循环流动为特征，以社会、经济、环境可持续发展为最终目标的国家级示范区域。宁夏应及时总结和推广自治区推动循环经济发展的经验，认真研究国家当前有关循环经济政策，争取国家从重大产业布局、项目核准等方面给予支持，力争获得国家批准设立宁夏国家循环经济示范区。按照把宁夏打造成辐射西部、面向全国、融入全球的中阿合作先行区、内陆开放示范区、丝绸之路经济带战略支点的要求，以《宁夏空间发展战略规划》为导引，加快推进沿黄城市带、清水河城镇产业带和美丽乡村建设，促进山川、城乡良性互动，协调发展，坚持保护环境资源，大力发展绿色战略、循环经济、低碳经济，提高资源综合开发利用水平，

积极推进生态安全屏障建设，推动经济社会与人口资源环境协调发展。

（一）加强体制机制创新，不断完善保障措施①

1.加大资金投入，创新投资模式

集中资金支持建设一批技术含量高、市场前景广、经济效益好的标志性示范工程和重大项目。各市可设立循环经济专项资金，引导支持循环经济项目建设。积极引导民营资本，鼓励采用混合制企业模式参与循环经济项目建设，以市场手段解决资金投入不足问题。抓住大力发展混合所有制经济及非公经济、"大众创新、万众创业"的机遇，创新投资模式，进一步引进民营资本加大募资力度，发挥市场化运营机制的优势，支持循环经济。引导金融机构将资金投向循环经济领域。开展金融机构对循环经济企业实行综合授信业务试点，增强企业的融资能力。鼓励企业通过自有资本、发行债券、上市融资等方式实施循环经济重大项目。

2.进一步完善法规政策

研究制订减征实现废水"零排放"企业和园区污水处理费的价格政策、鼓励循环经济发展的财政政策。深入推进资源性产品价格改革和监管。发展节能环保市场，积极建立节能量、碳排放权、排污权、水权的确权和交易制度。对于废旧农膜、尾菜、残次果、废旧电子产品、废旧通信产品、废纸等再生资源，严格按照现行国家税收优惠政策执行，加大税收优惠政策宣传力度。

3.努力提升科技支撑保障

依托高校和科研院所，成立循环经济专门研究机构，重点解决宏观管理决策、政策研究制订、产业链延伸配套等问题。对行业、区域节能降耗指标有重大影响的技术难题进行重点攻关。开展矿产资源综合利用及节能降耗关键技术研究、建材行业利用废弃物生产"生态水泥"技术研究，研

①参见甘肃省人民政府网:《2014年甘肃省建设国家循环经济示范区工作方案》，2014年4月12日。

发冶金有色行业发展密闭型工业循环用水系统。成立宁夏循环经济专家委员会，开展循环经济专家行活动，为发展循环经济提供专业指导。

4.强化宣传教育

积极利用各级新闻媒体，重点做好对典型示范工程及其实施效果的宣传报道。可以通过在媒体设置循环经济专栏，对循环经济进展开展全方位跟踪报道。组织实施循环经济宣传项目，利用楼宇、公交车、路灯牌、高速公路广告牌等户外传媒广泛开展宣传。利用世界水日、世界环境日、国家低碳日、节能宣传周、循环经济知识竞赛等纪念日、活动广泛开展循环经济宣传。积极利用党校、行政学院、各类培训中心和中介服务机构开办培训班，加大对干部群众及企业员工的培训教育力度。在各级各类学校举办循环经济专题讲座，积极开展国际交流。

（二）部署重点工作任务，实现循环经济发展目标

1.紧盯循环经济指标，补强薄弱环节

采取加快大宗固体废物综合利用产业发展、强化综合利用技术装备支撑能力等措施提高工业固废综合利用率；采取强化工业清洁生产、工业固废处置和综合利用及节水改造、中水回用等措施，减少工业固体废物排放量、工业废水排放量，提高工业用水重复利用率；加快城市垃圾无害化处理设施建设，提高城市垃圾无害化处置率；采取合理布局回收网点、加快构建再生资源回收体系、建立稳定专业回收队伍等措施提高废纸、废塑料、废橡胶回收利用率；采取加快风光电项目建设等措施，提高可再生能源占能源生产总量的比例。在采取提高水资源有偿使用标准、加快推进城市污水处理和再生利用设施建设项目等措施基础上，积极向国家申请对该指标目标值进行调整。

2.实施服务主体绿色化和服务过程清洁化，推进循环型服务业体系建设

以推进开发、管理、消费各环节绿色化为重点，构建循环型旅游服务体系，大力开展循环型绿色旅游示范基地创建工作。开展绿色通信服务业

试点，加快老旧设备退网，加大节能改造力度，推动通信运营商回收基站中废旧铅酸电池，建立废旧手机、电池、充电器等通信产品的回收体系。推动零售批发企业开展清洁生产，对废弃包装物、废弃食品、垃圾实行分类回收和资源化利用，在商贸流通企业开设绿色产品销售专区、专柜。推进商贸领域绿色低碳发展，加大对餐饮住宿业绿色化照明、空调、锅炉系统节能改造力度，使用节能节水产品，在宾馆饭店等领域鼓励减少一次性用品的使用，在住宿价格方面给予相应扣减。开展绿色物流业试点，促进多种运输方式合理分工运行，实行"减量化"运输，建立以城市为中心的公共配送体系，鼓励统一配送和共同配送。

3. 促进产业共生耦合，推进循环型工业体系建设

依托骨干企业和园区，发挥企业主体作用，以推进煤炭、石化、冶金、有色等行业循环生产为重点，促进产业向下游终端产品延伸发展，科学建链、适当延链、合理补链，促进产业间的共生耦合。深入实施工业企业清洁生产，做好重点区域、重点行业清洁生产工作，引导鼓励企业采用先进的工艺、技术和设备，改善生产管理，减少废弃物产生。广泛开展资源综合利用，加强矿产开采过程中伴生资源和工业生产过程中"三废"资源综合利用。大力推进节能减排，在重点行业推广应用先进节能工艺技术和装备，抓好高耗水行业企业的节水技术改造，加大淘汰落后产能力度。

4. 发展农业循环经济，发挥生态农业循环功能

依托良好环境优势，生产绿色优质粮食、畜牧业、特色种养殖等绿色有机产品，打造特色、绿色品牌，发展优质粮食、畜牧业等深加工产业。发展高标准的精品畜牧业、特色养殖种植业和生态农业观光旅游业。继续发展壮大绿色食品加工产业和畜牧业深加工产业。加强农村环境综合整治。在编制农村建设规划时，增强农村环保工作的系统性、计划性和协调性。通过资源整合，统筹安排农村环境建设资金和项目。开征生态补偿税，集中财力支持重点生态区域的生态保护与建设，建立多元化的生态补

偿机制。结合发展农业循环经济、清洁生产，把畜禽养殖污染治理、秸秆等废弃物综合利用有机结合起来，实现农村生活污水的生态化处理和粪便、垃圾、秸秆等的资源化利用。进一步提高广大农民群众的环保意识，形成良好的环境卫生和符合环境保护要求的生活消费习惯。

5. 打造循环经济载体

一是要加快循环经济基地建设。大力发展石油化工、煤化工产业，做好节能减排和废弃资源的综合利用。开展废旧工程机械、机床等专业化修复、生产的再制造，实施"以旧换再"试点。继续培育壮大特色优势产业和龙头企业，着力提高种植养殖及加工过程中废弃物的综合利用率。进一步推广"农牧互补"的立体生态农业模式，加强生态功能区的保护和建设。

二是加大产业园区循环化改造力度。可以从空间布局优化、产业结构调整、企业清洁生产、产业链延伸耦合、能源资源高效利用、污染集中治理、基础设施完善、废物交换平台和产业技术研发孵化等八个方面，推进园区循环化改造。争取列入国家园区循环化改造示范试点，推动园区扎实开展循环化改造。

三是培育循环经济示范企业。以推行清洁生产为重点，培育认定工业、农业、服务业和社会领域循环经济示范企业，使示范企业的资源产出率、土地产出率、单位产品能耗、物耗、水耗、产业废弃物综合利用率、工业用水重复利用率等指标均达到国内先进水平。开展精准招商，引进实力较强企业参与循环经济产业链延伸和配套项目。加强循环经济项目谋划、储备和组织申报工作，在石油化工、有色冶金、装备制造等领域，重点实施技术提升改造、节能环保产业园等循环经济项目。

6. 强化典型引领，大力开展示范试点工程创建①

开展资源综合利用示范工程、产业园区循环化改造示范工程、再生资

---

①参见甘肃省人民政府网：《2014年甘肃省建设国家循环经济示范区工作方案》，2014年4月12日。

源回收体系示范工程、"城市矿产"基地建设示范工程、再制造产业化示范试点工程、餐厨废弃物资源化利用和无害处理示范试点工程、生产过程协同资源化处理废弃物示范工程、农业循环经济示范工程、循环型服务业示范工程、资源循环利用技术产业化示范推广工程，以及循环经济示范市（县）、循环经济示范企业（园区）创建。以生活垃圾、建筑垃圾、林业"三剩物"等综合利用和清洁生产、建筑节能、循环型社区村镇等为重点，开展示范创建活动。

宁夏加大环境综合治理研究

李 霞

党的十九大为我们提出了"建设美丽中国，为人民创造良好生产生活环境"的新任务、新要求。加大环境综合治理是改善城乡人居环境的迫切要求，是推动绿色发展的重大任务，是补齐全面建成小康社会短板的必然选择。党的十八大以来，宁夏按照"五位一体"总体布局和"四个全面"战略布局，坚决贯彻落实五大发展理念，紧紧抓住改善生态环境质量这个核心，创新环境治理方式，加大环境整治力度，强化排污者的主体责任，全面排查环境风险，坚决打击环境违法行为，着力提高环境综合治理水平，全区环境质量总体得到明显改善。

一、宁夏环境综合治理取得的成效

多年来，自治区党委政府坚持强化污染减排全面量化控制体系建设，明确各行业，各市、县（区）污染减排目标任务，健全完善重点企业、工业园区、地区经济运行状况评价和环境质量评价，细化量化相关减排指标，不断提升精细化管理水平，形成了政府主导、多方参与的环境保护基

作者简介：李霞，宁夏社会科学院农村经济研究所副所长，研究员，主要研究方向为生态经济、区域重大现实问题等。

本工作格局。

（一）完善环境保护制度体系

1.完善制度体系

2009年修改完善了《宁夏回族自治区环境保护条例》，2011年4月1日出台了《宁夏回族自治区危险废物管理办法》，2011年12月1日出台了《宁夏回族自治区环境教育条例》，2014年4月9日，出台了《宁夏回族自治区泾河水源保护区条例》等制度，依法明确了环境保护目标责任制、环境教育、危险废物管理、水源保护等基本内容，建立健全了建设项目环境影响评价和"三同时"制度，对不符合国家和地方产业政策、不符合环境功能区要求的项目，坚决不予审批，从源头上控制污染源的产生。

2.完善监管制度

2015年7月1日，中央全面深化改革领导小组第十四次会议审议通过《环境保护督察方案（试行）》，要求全面落实党委、政府环境保护"党政同责""一岗双责"主体责任。2016年，宁夏回族自治区党委、政府出台了《关于建立网格化环境监管体系的指导意见》，建立了纵向到底、横向到边、各负其责的监管机制，确保排污单位得到有效监管、环境违法行为得到及时查处、突出环境问题得到稳妥解决、环境秩序得到有力维护，为建设美丽宁夏提供坚实保障。同时，各级党委、政府对本地区环境保护工作负总责，对网格监管责任履行不到位，发生严重环境污染和生态破坏事件等情形的，将依据《党政领导干部生态环境损害责任追究办法（试行）》等规定，严格追究相关领导和监管人员的责任。对发生特大突发环境事件，任期内环境质量明显恶化，不顾生态环境盲目决策、造成严重后果，利用职权干预、阻碍环境监管执法的，要依法依纪追究有关领导的责任。生态环境保护"党政同责""一岗双责"、生态环境损害责任终身追究等有了执行依据。

3.建立完善环境信访工作制度

通过健全完善自治区环境监察信访登记受理、投诉受理接待人员行为规范、"12369"环保投诉热线 24 小时值班等制度，做到环境信访件"时时有专人负责，事事有回音，件件有着落"，提高重复投诉件的办结率。坚持领导包案制度，由分管领导将重复投诉件进行分类管理，分析重复投诉问题根源并严格依法严肃处理违法行为，减少群众重复投诉现象的发生。

（二）全力推进污染治理，环境质量稳中趋好

2016 年，宁夏环境保护坚持以解决影响科学发展和群众身体健康的突出环境问题为重点，通过实施"蓝天碧水·绿色城乡"专项行动，积极整改中央环保督察组反馈问题，实施污染治理项目 386 个，对 1005 万千瓦火电机组进行超低排放改造，取缔非法采矿点 135 家，淘汰燃煤锅炉 511 台、黄标车老旧车 3.6 万辆。综合整治黄河支流、入黄排水沟、城市黑臭水体，集中治理重点区域、重点行业、重点企业，控制污染物排放总量，防范环境风险，改善环境质量。

1.空气质量总体好转

2015 年，全区城市环境空气质量平均达标天数比例为 73.9%，扭转了可吸入颗粒物近两年大幅上升的被动局面。2016 年，按照相关环境空气质量评价技术规范，全区平均达标天数比例为 75.2%，与 2015 年同期相比，五市环境空气质量平均达标天数增加 6 天，其中石嘴山、吴忠和中卫市优良天气分别增加 8 天、10 天和 21 天。五市环境空气中主要污染物平均浓度与上年相比，总体明显下降。其中可吸入颗粒物（PM10）平均浓度同比下降 2.8 个百分点，细颗粒物（PM2.5）平均浓度同比下降 2.1 个百分点，PM10 和 PM2.5 平均浓度实现了"双下降"（见表 1）。

表1   2016 年 1—12 月宁夏五市环境空气质量与排名

月份	指 标	银川市	石嘴山市	吴忠市	固原市	中卫市
1	综合指数	8.04	8.09	6.15	4.66	5.68
	优良天数	16	17	22	28	23
	主要污染物	PM2.5	SO_2	PM2.5	PM2.5	PM2.5
	综合排名	4	5	3	1	2
2	综合指数	7.92	6.80	6.77	5.31	5.72
	优良天数	16	16	15	18	17
	主要污染物	PM2.5	PM10	PM10	PM10	PM10
	综合排名	5	4	3	2	1
3	综合指数	7.20	7.0	6.15	4.88	5.60
	优良天数	19	18	19	21	22
	主要污染物	PM10	PM10	PM10	PM10	PM10
	综合排名	5	4	3	1	2
4	综合指数	5.12	4.91	4.35	3.78	4.14
	优良天数	29	26	30	26	26
	主要污染物	PM10	PM10	PM10	PM10	PM10
	综合排名	5	4	3	1	2
5	综合指数	5.73	5.80	4.40	3.75	4.22
	优良天数	22	15	26	27	23
	主要污染物	PM10	PM10	PM10	PM10	PM10
	综合排名	4	5	3	1	2
6	综合指数	4.54	4.72	3.96	3.26	3.77
	优良天数	22	20	27	28	27
	主要污染物	PM10	PM10	PM2.5	O_3	PM10
	综合排名	4	5	3	1	2
7	综合指数	4.06	4.02	3.30	3.07	3.30
	优良天数	23	19	29	31	30
	主要污染	O_3	O_3	O_3	O_3	O_3
	综合排名	5	4	3	1	2

续表

月份	指标	银川市	石嘴山市	吴忠市	固原市	中卫市
8	综合指数	3.79	4.05	3.28	2.91	3.29
	优良天数	27	25	29	30	28
	主要污染物	O₃	O₃	O₃	O₃	O₃
	综合排名	4	5	2	1	3
9	综合指数	4.19	4.12	3.72	3.08	3.70
	优良天数	27	30	29	30	29
	主要污染物	PM10	PM2.5	PM2.5	PM10	PM2.5
	综合排名	5	4	3	1	2
10	综合指数	5.49	5,58	4,64	3.23	4.23
	优良天数	25	26	27	30	28
	主要污染物	PM2.5	PM10	PM2.5	PM10	PM10
	综合排名	4	5	3	1	2
11	综合指数	8.71	7.96	7.10	5.76	6.63
	优良天数	15	11	13	24	17
	主要污染物	PM2.5	PM10	PM2.5	PM10	PM10
	综合排名	5	4	3	1	2
12	综合指数	10.32	9.19	7.52	4.98	6.32
	优良天数	11	13	14	27	19
	主要污染物	PM2.5	PM2.5	PM2.5	PM2.5	PM2.5
	综合排名	5	4	3	1	2

注：1.资料来源。根据宁夏环境保护厅网站公布的 2016 年五市环境空气质量数据整理而得。

2.说明：环境空气质量状况排名采用环境空气质量综合指数法，指数越小，表示环境空气质量越好。

2.水环境质量明显改善

2015 年，黄河干流宁夏段良好以上水质断面达 100%，Ⅱ类、Ⅲ类水质断面比例均为 50%；全区监测的 11 个城市集中式饮用水水源地水质良好，年均浓度均符合《地下水质量标准》(GB/T 14848-93) 中的Ⅲ类标准限值。与 2014 年相比，Ⅲ类水质的排水沟比例提高 9.1%。水环境质量得到阶段性改善，污染严重水体较大幅度减少，饮用水安全保障水平持续提升，地下水超采得到严格控制。2016年，全区水环境质量总体稳定。黄河干流宁夏段监测的6个国控断面，Ⅱ类水质断面占66.7%，Ⅲ类水质断面占33.3%。与2015年同期相比，黄河干流宁夏段高锰酸盐指数、氨氮监测浓度分别下降17.2和7.5个百分点，金沙湾断面水质由Ⅲ类上升为Ⅱ类，水质有所好转。黄河干流Ⅱ类水质断面增加1个，上升16.7个百分点。黄河干流宁夏段中卫下河沿入境断面为Ⅱ类优水质，至平罗黄河大桥断面及麻黄沟出境断面间河段水体降为Ⅲ类良好水质。全区重要湖泊水质同比保持稳定，城市集中式饮用水水源地水质符合国家良好标准。

（三）污染防治设施不断完善

"十二五"以来，宁夏以改善城市水环境和大气环境为重点，继续加大环境基础设施建设力度，积极争取中央和自治区财政专项资金，并撬动社会资本投入城市环境基础设施建设领域。先后开工建设完成了中卫市第四排水沟治理工程、银川市第三污水处理厂、石嘴山市第一污水处理厂升级改造工程、永宁县第二污水处理厂集污管网配套工程，还完成了金凤工业集中区、石嘴山经济技术开发区、吴忠立德慈善工业园区废水处理工程和固原市、中宁县、惠农区城市饮用水水源地保护工程。2016年，全区城市污水处理率达到91.95%，比上年提高2.98个百分点，城市生活垃圾无害化处理率达到83.85%。按照国家新标准要求，已建成环境空气质量自动监测站39个，其中国家重点监控自动监测站19个，自治区重点监控自动监测站10个，农村环境空气质量背景值自动监测站1个，县级环境空气质量监控点9个，实现了环境空气质量监测的全覆盖。

（四）重金属污染和农村环境综合整治稳步推进

1.全力推进重金属污染防治工作

2011年至2015年，自治区累计争取中央重金属污染防治专项资金6983万元，全力推进重金属污染防治项目实施，并把环境与健康风险评价作为重金属项目治理效果的重要内容。同时，自治区禁止在国家重点防控区新建重金属项目，非重点区域坚持新增产能与淘汰产能"等量置换"或"减量置换"原则，实施"以大带小""以新带老"，实现了重点重金属污染物新增排放量"零增长"。此外，宁夏把重金属企业纳入国控、区控重点企业并将其名单在媒体上进行公示公告，以便公众监督。2016 年，宁夏国控重点污染源 164 家，其中废水重点污染源 42 家、废气重点污染源 76家、城镇污水处理厂 24 家、重金属重点污染源 14 家、危险废物重点污染源 8 家。宁夏区控重点污染源 179 家，其中废气企业 92 家、废水企业 63家、污水处理厂 8 家、重金属企业 16 家。重点监控的重金属企业主要集中在石嘴山、吴忠和银川，石嘴山和吴忠各 6 家，银川 4 家。

2.农村环境综合整治稳步推进

2007—2009 年，宁夏投入 10 亿元对 1040 个行政村开展环境整治，取得显著成效。2010 年宁夏被列为首批国家农村环境连片整治示范省份。2012 年，自治区共投入 2.8 亿元，对 787 个行政村和 8 处生态移民安置区进行了环境整治，并建设了一批污水、垃圾处理等环保基础设施，银川和石嘴山率先在全区实现了农村环境综合整治全覆盖。同时，宁夏还完成了 39 个畜禽养殖小区（场）污水治理和粪便综合利用项目。2013 年，宁夏被列为全国全覆盖拉网式农村环境综合整治试点省区之一，计划再用 3年时间实现全区农村环境综合整治全覆盖目标。截至 2016 年年底，全区农村环境质量试点监测村庄 30 个，各试点村庄周边地表水体水质均能满足农田灌溉水质需要，各试点村庄土壤污染等级为Ⅰ级，属清洁（安全）水平，农村环境质量总体保持稳定。

（五）聚焦主业，进一步强化环境执法

宁夏以新《环境保护法》实施年活动为契机，以偷排、偷放等恶意违法排污行为和篡改、伪造监测数据等弄虚作假行为为重点，2015 年，全区共排查企业 5678 家，发现环境问题 2654 个，完成整改 1962 个，立案查处违法问题 369 个，移送公安机关 14 件，罚款 1723.72 万元，查处漏缴排污费 4800 万元，整治贺兰山东麓葡萄种植基地企业 405 家。通过淘汰一批、规范一批、完善一批，加大清理违法违规建设项目，实现了环境执法由单纯"督企"向综合"督政"转变。2016 年初，宁夏环保厅、公安厅联合启动危险废物环境违法犯罪行为专项治理行动，对全区原油加工及石油制品制造业、化学原料和化学制品制造业、有色金属冶炼业和医药等重点行业进行重点整治。自 2016 年 7 月 12 日中央第八环境保护督察组进驻宁夏以来，银川市成立了 6 个环保转办事项督导组，在全市开展环保追责"三办四快"直通车专项行动；石嘴山市通过快办快督每日回头看，边接办、边查处、边公开、边巩固，已问责 10 人；吴忠市就群众反映强烈的突出环境问题和重点排污企业污染防治设施完善情况集中检查，对转办事项倒追责任，已对 6 家企业实行停产整治，立案处罚 13 家，约谈 24 人；固原市梳理出五大河流污染、燃煤锅炉、马铃薯淀粉生产企业污染等 7 个方面突出问题，实行全程跟踪、现场督查督办，并对 14 家马铃薯淀粉企业下达责令改正通知书；中卫市成立督办查办、问题排查、资料备查等 8 个工作组，对转办事项严肃查处整改，对环保问题涉及的相关责任单位和责任人员启动问责程序。截至 2016 年年底，全区累计转办环境投诉案件 224 件，责令立即整改 47 件，限期整改 52 件，停产整改 25 件，立案处罚 27 件，关停取缔企业 6 家，立案侦查 2 件，刑事拘留 2 人，约谈 53 人，问责 29 人。对 145 个环境问题罚款近 700 万元，清缴 13 家企业排污费 796 万元。

二、宁夏加大环境综合治理面临的困境

（一）经济发展与环境保护的矛盾仍然十分突出

宁夏正处于工业化、城镇化的快速推进阶段，发展与环境的矛盾十分突出。2016 年，宁夏境内 9 条黄河支流水质总体为中度污染，13 条入黄

排水沟水质总体为重度污染。全区环境空气质量仍不稳定，2016 年出现的 19 次沙尘天气中，影响最严重时可吸入颗粒物（PM2.5）超标 21.5 倍。固体废物产生量快速增长，安全处置和综合利用率较低。农村环境管理体制机制薄弱，随着设施农业的发展，全区废旧残膜造成的环境污染问题十分突出。"经济增长与环境损失并存"的局面，已经成为宁夏经济社会可持续发展的掣肘，不能等闲视之。

（二）环境保护执法力量薄弱

2016 年，全区 32 家工业园区中，只有 11 家企业配套建设了工业污水集中处理厂。由于个别地方政府执法疲软，对现场检查发现的环境违法行为不能及时进行立案调查，履行环境保护责任不到位，造成不少企业只注重生产，环境保护设施建设不配套或者建成后不运行，环境违法行为时有发生、屡禁不止。一些企业宁愿交罚款，也不愿投资治污，形成"守法成本高、违法成本低"等突出问题。

（三）环境治理与群众的感受、社会的期盼还存在较大差距

据环境保护系统统计，截至 2016 年年底，全区投诉的环境保护事件同比增长了 9%。环境保护效果与群众的感受、社会的期盼还存在较大差距。

三、宁夏加大环境综合治理的对策建议

"十三五"时期是宁夏全面建成小康社会的决战期，也是加强生态文明建设的关键期，要强化短板意识，明确主攻方向，紧密结合全区经济社会发展实际，坚持以绿色发展为引领，以改善环境质量为核心，以解决突出环境问题为重点，严格环境执法监管，切实推进全区环境综合治理，不断提升全区生态文明建设水平，实现经济发展与环境保护的"互动与双赢"。

（一）强化污染综合整治

1.加强水污染防治

按照自治区印发的《2017 年全区水污染防治重点工作安排》，贯彻落

实中央第八环境保护督察组督察反馈意见，进一步加大水环境治理力度。一是实施城市建成区黑臭水体治理，完成四二干沟、银新干沟、清水沟、北河子沟、第三（五）排水沟等人工湿地建设，加快银川市 2 个污水处理厂的建设速度。二是全面推进污水处理厂及配套管网建设，逐步提高污水处理深度及出水标准。在全区 32 个工业园区都要建成污水处理厂，并安装自动在线监控装置，加快完成灵武市羊绒工业园区（银川高新技术产业开发区）、生态纺织示范园（宁夏生态纺织示范园）、永宁县经纬创业园、贺兰县暖泉工业园区（银川生物科技园）污水处理厂建设和提标改造，并配套完善集污管网，达到国家规定的排放标准。三是因地制宜地开展农村生活污水处理，加快农村及小城镇污水处理厂和垃圾处理厂建设。四是落实饮用水源保护措施，依法关闭或搬迁禁养区内的畜禽养殖场和养殖专业户，加强保护区日常监管。建议自治区水利、农业、环保部门要加强农村水质监测，确保饮用水安全。

2.推动城市空气质量改善

要以 PM2.5 防控为重点，深入贯彻执行国家和自治区《大气污染防治行动计划（2013—2017）》，加大宁夏石化等非电行业的二氧化硫治理，石油炼制行业催化裂化装置要配套建设烟气脱硫设施。加快有色金属冶炼行业生产工艺设备更新改造，提高冶炼烟气中硫的回收利用率，对二氧化硫含量大于 3.5% 的烟气，要采取制酸或其他方式回收处理，低浓度烟气和排放超标的制酸尾气进行脱硫处理；加快燃煤机组低氮燃烧技术改造及脱硝设施建设，单机容量 20 万千瓦及以上、投运年限 20 年内的现役燃煤机组，要全部配套脱硝设施；火电行业燃煤机组必须配套高效除尘设施，按照 20 毫克／立方米标准，对烟尘排放浓度不能稳定达标的燃煤机组进行高效除尘改造；强化水泥行业粉尘治理，确保颗粒物排放稳定达标。加大资金投入，扎实推进城市供暖、黄标车淘汰、城市扬尘等领域大气污染防治，推动全区环境空气质量不断得到改善。

3.开展土壤环境基础调查

以宁夏重金属污染防治重点区域、饮用水源地周边、废弃物堆存场和受污染农田为重点，开展污染场地土壤污染治理与修复试点示范建设，着力解决土壤污染威胁农产品安全和人居环境健康两大突出问题。

4.倡导循环经济发展模式

坚持"政府主导、市场推进、法律规范、政策扶持、科技支撑、公众参与"的循环经济运行模式。一是要提高资源利用率。在全区规模化畜禽养殖场推广利用沼气技术变废为宝的成功经验和做法，加大宣传力度，用典型引路。积极发展立体种植生态模式，构建立体种植、养殖业的格局，将畜禽污染综合治理防治与建立无公害食品基地、绿色食品基地和有机食品基地建设紧密结合，引导农民建立优质安全的农产品生产基地，并在政策、资金和技术等方面扶持。二是加强"生态工业园区"建设。按工业生态学的原理，对工业园区内的项目进行规划、布局，注重企业间的副产品和废弃物的相互转换，并在此基础上建设生态工业链，实现"工业生态系统"，从根本上减少工业的污染源，加快循环经济发展。

（二）加强固体污染物治理

固体废物按来源大致可分为生活垃圾、一般工业固体废物和危险废物三种。此外，还有农业固体废物、建筑废料及弃土。固体废物如不加妥善收集、利用和处理处置，将会污染大气、水体和土壤，危害人体健康。因此，要采取更加严格的环境保护措施，加强工业企业固体污染物排放监管。以宁东能源化工基地等工业园区和煤炭、电力、化工等重点行业为重点，严格落实宁夏工业固体废物综合利用政策和固体废物申报登记、全程监管等制度，实现固体废物资源化、减量化、无害化处理，开展化学品生产企业环境隐患排查，落实危险化学品排放、转移登记和运输过程中的环境安全制度，推进危险化学品暂存库建设和处置能力建设。科学处置农用薄膜、农作物秸秆等农业废弃物，防止农业面源污染。加快生活垃圾分类收集、储运和处理系统建设，提高生活垃圾无害化处理能力。

（三）加快淘汰落后产能

要加快淘汰落后产能的步伐，自治区要严格控制新增煤炭消费总量，制定煤炭消耗总量中长期控制目标，实行目标责任管理。一是淘汰所有自备电厂中纯凝汽发电机组和发电标准煤耗高出全国平均水平15%、全区平均水平10%的燃煤机组。二是冶金行业要加快淘汰炭化室高度4.3米以下焦炭生产线、12500千伏安以下铁合金矿热炉和10000千伏安以下碳化硅矿热炉。三是建材行业要加快淘汰日产1500吨以下旋窑水泥生产线，实现产业转型升级。

（四）加快重污染企业迁出市区

要合理确定火电、水泥、生物发酵、石化、煤化工等重点产业发展的布局、结构与规模。在城市主导风向上禁止新建涉及大气重污染项目。对布局不合理的重污染企业，结合产业结构调整计划制订年度搬迁改造方案。银川市要逐步搬迁位于市区和工业园区外污染较重的火电、制药、铁合金、轮胎制造等行业企业。如启元药业、银川佳通轮胎公司、中石油宁夏石化分公司、宁夏赛马水泥有限公司等，四二干沟、银新干沟沿线的排污工业企业要迁入工业园区。石嘴山、吴忠、固原、中卫要开展调查工作，对布局不合理的重污染企业制定搬迁计划，力争在"十三五"期间使重污染企业迁出市区。

（五）建立跨省区大气联防联控机制，治理雾霾天气

要加强与陕西、甘肃、内蒙古三省区合作，成立由四省区环保、公安部门为成员的大气联防联控委员会，加强四省区环境空气质量和污染源监控体系建设，建立大气污染联防联控机制，在加强对现有有色金属、建材、化工、石化等重点行业的二氧化硫、氮氧化物、颗粒物等污染物排放总量控制的同时，加强多污染物协同治理，切实改善空气质量。

（六）推进环保制度建设

1.建立健全生态保护补偿制度

退耕还林政策是我国建立生态补偿机制的一次成功实践，还有许多方面如生态屏障的建设与投入的矛盾、草原过度放牧或过度耕种带来的风沙问题，以及自然保护区的保护问题等。虽然已有许多政策措施，但还没能从机制上解决生态价值补偿问题。作为生态环境十分脆弱的宁夏，要积极探索建立生态补偿标准体系，以及生态补偿的资金来源、补偿渠道、补偿方式和保障体系，建立生态保护成效与资金挂钩的激励约束机制，为全面建立生态补偿机制提供方法和经验。

2.建立生态环境损害评估制度

2015 年，中共中央办公厅、国务院办公厅印发的《生态环境损害赔偿制度改革试点方案》提出，2015 年至 2017 年，选择部分省份开展生态环境损害赔偿制度改革试点。从 2018 年开始，在全国试行生态环境损害赔偿制度。建立生态环境损害赔偿制度的关键是要建立独立公正的生态环境损害评估制度。生态环境损害评估是确认生态环境损害发生及其程度、认定因果关系和责任主体、制定生态环境损害修复方案、量化生态环境损失的技术依据，是生态环境损害赔偿诉讼的重要证据。目前，宁夏当务之急是要分领域加快建立生态环境损害评估技术体系，完善环境污染和生态破坏行为导致的生态环境损害评估技术方法与工作程序。加快研究在"多因一果"和"多果一因"的生态损害情况下如何确认各因果关系链条等关键技术问题。

3.完善生态环境监管制度

健全环境监管体制、提高环境监管执行力、形成健全的生态环境监管机制是完善监管制度、推进生态文明建设的重要保障。严格执行《环境保护法》，建立严格监管所有污染物排放的环境保护管理制度，完善污染物排放许可制度，实行企事业单位污染物排放总量控制制度，严禁无证排污和超标准、超总量排污。健全环评、能评、建设项目区域限批等制度，提高环境监管执行力。

（七）建立环保督政督察工作机制

1. 全面开展环境保护督查

一是全面开展环境保护督查。以问题为导向，以党政同责落实情况为督察重点，从以查企业为主转变为查督并举，以督政为主，全面开展环境保护督查，推进环保机构监测监管执法垂直管理，强化督政问责力度。二是健全行政执法与刑事司法的衔接机制，探索生态环保综合执法，严查严处各类环境违法行为。

2.提高网格监管的智能化、信息化水平

整合宁夏现有污染源数据库和移动执法系统，完善"一企一档"环境管理基础台账，逐步建立要素齐全、数据准确、及时更新、信息共享的数字化监管信息平台，提高网格监管的智能化、信息化水平。

宁夏荒漠化治理及沙产业发展研究

刘天明　李文庆　吴月

　　钱学森院士指出"沙产业是在不毛之地搞农业生产，而且是大农业生产，这可以说是一项'尖端技术'"，"沙产业实际上是未来农业，高科技农业，服务于未来世界的农业"[1-4]。发展尖端技术的沙产业，是用现代生物科学的成就，水利工程、材料技术、计算机自动控制等前沿高新技术，在沙漠、戈壁开发出新的、历史上从未有过的大农业，实行节水节能节肥高效的大农业型的产业，即农工贸一体化的生产基地[5-9]。沙产业的发展理

　　作者简介：刘天明，宁夏社会科学院副院长，研究员；李文庆，宁夏社会科学院农村经济研究所所长，研究员；吴月，宁夏社会科学院农村经济研究所副研究员。

①钱学森著：《创建农业型的知识密集产业——农业、林业、草业、海业和沙业》，《农业现代化研究》1984年第5期，第1—6页。

②钱学森著：《发展沙产业，开发大沙漠》，《学会》1995年第6期，第6页。

③钱学森著：《运用现代科学技术实现第六次产业革命——钱学森关于发展农村经济的四封信》，《中国生态农业学报》1994年第2期，第1—5页。

④中国国土经济学会沙产业专业委员会，鄂尔多斯市恩格贝身体示范区管委会编：《钱学森论述沙产业》，2011年。

⑤摘自宋平同志在甘肃河西走廊沙产业开发工作会议上的讲话记录，1995年11月30日。

⑥甘肃省沙草产业协会著：《钱学森、宋平论沙草产业》，西安交通大学出版社，2011年。

⑦宋平著：《知识密集型是中国现代化大农业发展的核心》，《西部大开发》2011年第9期，第84—86页。

⑧刘恕著：《沙产业》，中国环境科学出版社，1996年。

⑨刘恕著：《留下阳光是沙产业立意的根本——对沙产业理论的理解》，《西安交通大学学报（社会科学版）》2009年第2期。

念是"多采光、少用水、新技术、高效益"。

宁夏进行荒漠化治理及发展沙产业的意义在于：推进经济与生态融合发展，为人类开辟新的生存空间，为人类提供绿色食品，促进生产方式变革，增加农民经济收入，促进人与自然的和谐相处。

一、宁夏荒漠化现状及成因分析

（一）宁夏荒漠化现状

宁夏荒漠化土地面积约 4461 万亩，占宁夏国土总面积的 57.3%；其中沙化土地 1743 万亩，占宁夏国土总面积的 22.8%[①]。按动力类型划分，境内主要有风蚀荒漠化土地、水蚀荒漠化土地、土壤盐渍化土地及其他综合因素导致的荒漠化土地。

（二）宁夏荒漠化成因分析

荒漠化是人为强烈活动与脆弱生态环境相互影响、相互作用的产物，是人地关系矛盾的结果。

1.自然条件的脆弱性

宁夏年降水量 150—600 毫米，平均降水量约 300 毫米，年蒸发量约 1000 毫米[②③]，降水量小而蒸发量大，导致宁夏干旱少雨、缺林少绿、生态环境脆弱；降水分布不均匀，雨季多集中在 6—9 月，且多暴雨，易导致山地、丘陵地区水蚀荒漠化；风大沙多，超过临界起沙风的风速（≥ 5 m/s）每年出现天数多，主要发生在 4—6 月，且春季 8 级以上大风占全年大风日数的一半以上，加之春季少雨，侵蚀强烈，易引起宁夏大范围的风

---

①数据来源：宁夏回族自治区林业厅（2015 年 11 月）：《我区荒漠化治理和沙产业发展情况的汇报》。

②百度百科，http://baike.baidu.com/link?url=Zs44-gkNuF6LESl20pJ_FQJvG7cl_e58hW7Os7S_5MzDi3bZ-Xv Ujndhr6nrawR6bwLIGnEsPr0VqfdiMmHUWK

③谢增武，王坤，曹世雄著：《宁夏发展沙产业的社会、经济与生态效益》，《草业科学》2013 年第 30 期，第 478—483 页。

蚀荒漠化（形成沙质荒漠化）；南部黄土丘陵地区由于黄土结构疏松、垂直节理发育，是荒漠化的潜在发生地；黄河流经宁夏 397 千米，有利于引水灌溉，但由于引黄灌区蒸发强烈，大面积漫灌易导致土壤盐渍化。

2.气候干旱化

宁夏在全新世气候干旱化大背景下，自 20 世纪 60 年代以来，气温呈波动增长的趋势，降水量呈现波动下降的趋势[1-7]，表明我区干旱化日益明显的趋势，加之宁夏风大沙多以及人类不合理的利用资源，较过去更易发生荒漠化。

3. 三面环沙，潜在荒漠化趋势严重

宁夏境内山峰迭起，平原错落，丘陵连绵，沙丘、沙地散布，其中固定和半固定沙丘主要分布在腾格里沙漠边缘地带。当起沙风速达到 5 m/s 时，在风力作用下，沙粒被搬运、堆积到可利用的土地表层，使得沙漠或沙地周边地区成为潜在沙质荒漠化地区。

4. 人口增长快速，生产经营方式落后

宁夏总人口 675 万人，较 2000 年增长了 21.8%[8]，大量的新增人口给农业用地带来更大压力，进而导致不合理土地利用问题出现，成为荒漠化

①徐海著：《中国全新世气候变化研究进展》，《地质地球化学》2001 年第 29 期，第 9—16 页。
②王绍武著：《全新世气候变化》，气象出版社，2011 年。
③万佳，延军平著：《宁夏近 51 年气候变化特征分析》，《资源开发与市场》2012 年第 8 期，第 511—514 页。
④王允，刘普幸，曹立国，等著：《基于 SPI 的近 53a 宁夏干旱时空演变特征研究》，《水土保持通报》2014 年第 34 期。
⑤杨淑萍，赵光平，马力文，等著：《气候变暖对宁夏气候和极端天气事件的影响及防御对策》，《中国沙漠》2007 年第 27 期，第 1072—1076 页。
⑥陈晓光，苏占胜，陈晓娟著：《全球气候变暖与宁夏气候变化及其影响》，《宁夏工程技术》2005 年第 4 期，第 301—304 页。
⑦陈晓光，苏占胜，郑广芬，等著：《宁夏气候变化的事实分析》，《干旱区资源与环境》2005 年第 19 期，第 43—47 页。
⑧数据来源：国家统计局。

发生的诱导因素。半机械化、半人工的耕作方式，机井大水漫灌及引黄灌溉，粗放型养殖方式，都导致土地荒漠化加速扩张。

5. 人类不合理利用资源

人类对资源的不合理开发利用，是宁夏现代荒漠化加速扩张的主要原因，其主要表现形式是滥垦、滥牧、滥樵、滥采、滥用水资源和滥开矿等。

二、宁夏荒漠化治理及沙产业发展的成效与经验

（一）种植业、养殖业发展迅速

1. 荒漠边缘种植硒砂瓜

沙坡头区是中卫乃至宁夏中部干旱带硒砂瓜种植的核心地带，形成了以香山为中心，辐射香山、兴仁、常乐 3 乡（镇）17 个行政村的产业带，有硒砂瓜生产、流通专业合作组织 100 多个；建成大型硒砂瓜专业市场 2 个，田头马路市场 18 个；以香山硒甜瓜有限公司为代表的龙头企业在全国各地大中城市设立经销网点 33 个，开拓了国内 30 多个省区外销市场。2015 年沙坡头区硒砂瓜种植面积达到 49.1 万亩，可实现销售收入 6 亿元以上[①]。

2. 设施农业快速发展

宁夏在荒漠化边缘地区采用低压管道、喷灌滴灌、地膜下渗灌、薄膜保温、无土栽培等节水生产技术，加上先进的生物科技与信息技术等，通过政府补贴吸引资金、雇佣当地农民等措施，发展沙区绿洲农业，实行了"基金 + 企业 + 农户"的市场化运作模式发展当地的沙产业，不仅有效减轻了土地盐渍化的发生，而且加快了当地经济的发展，达到生态效益、经济效益、社会效益"三赢"的效果。

---

①数据来源：宁夏新闻网。

3.沙地中草药种植及产业化经营

自 2000 年以来，宁夏政府采取补植等措施恢复天然沙生药材，大规模推广家庭种植，在绿洲边缘大面积推广了良种枸杞、苜蓿、甘草、麻黄等栽培，提出了"土壤环境、植物品种、节水栽培及产业化发展相互耦合的荒漠绿洲边缘生产——生态技术体系"，大力推进了宁夏沙产业的产业化发展。

4.发展沙区养殖业

沙区有很多既是很好的固沙植物，又是良好的牲畜饲料的植物资源，如柠条，既是耐旱耐沙的固沙植物，又是营养价值较好的饲料原料，为沙区养殖业的发展提供基础条件。目前，以沙生灌草为主的系列饲料产品有效解决了我区 100 余万只羊的舍饲养殖问题[①]。

（二）林业、草业快速发展

1.人工造林，封山（封沙）育林

通过人工造林及封山（封沙）育林，恢复自然植被，以其成本低、作用持久稳定、可改善土壤等多种优点而成为防治荒漠化的主要措施。2015年宁夏共有森林面积 990 万亩，森林覆盖率由 1977 年的 2.4%增加到12.63%，森林蓄积由 217 万 m^3 增加到 835 万 m^3 [②]，初步形成了以林草植被为主体的生态安全屏障。"十二五"后，宁夏防沙治沙规划区域实际完成营造林 401.67 万亩，其中人工造林 247.3 万亩，封山（沙）育林 154.37万亩[③]。

2. 退耕还林还草

宁夏境内对已荒漠化的林地、草地，采取先封禁、后人工补植的方法，综合运用生物措施、工程措施和农艺技术措施，土地荒漠化农耕或草

---

①③数据来源：宁夏回族自治区林业厅：《我区荒漠化治理和沙产业发展情况的汇报》，2015 年 11 月。

②数据来源：国家林业局：《2015 年森林资源清查主要结果发布》，中国园林网，2016 年 4 月22 日。

原地区采取乔灌围网、牧草填格技术，即乔木或灌木围成林（灌）网，在网格中种植多年生牧草，增加地面覆盖，特别干旱的地区采取与主风向垂直的灌草隔带种植，加快植被恢复速度。

3. 经济林建设

宁夏种植葡萄面积 59 万亩，建成葡萄酒庄 72 家，年综合产值 65 亿元，初步形成了贺兰山东麓葡萄酒产业长廊；枸杞产业快速发展，种植面积 85 万亩，产量 13 万吨，参与加工流通企业近 200 家，年综合产值 74 亿元，形成了以中宁为中心、清水河流域和银川以北为两翼的枸杞产业区域布局；宁夏特色优势经济林（苹果、红枣等）面积达 437.5 万亩，培育林产品加工流通龙头企业近 300 家，特色林产品出口到 40 多个国家和地区，总产值突破 190 亿元[①]。"十二五"后，沙区经果林和沙生灌木林发展到 1600 多万亩，年产值 16 亿元以上，不仅推动了本区经济的发展，而且保护了当地的生态环境。

（三）示范基地建设及新能源、旅游业开发

1. 示范基地建设

加强灵武白芨滩、中卫、同心、红寺堡全国沙化土地封禁保护项目的建设，加快推进盐池、灵武、同心、沙坡头 4 个防沙治沙示范乡项目建设。"十二五"后，全国防沙治沙示范区项目完成 3.73 万亩，其他防沙治沙项目完成 151.68 万亩，农业综合开发防沙治沙项目完成 3.3 万亩[②]。

2. 自然保护区建设

建成了贺兰山、六盘山、白芨滩等 8 处国家级自然保护区，保护区面积已接近宁夏国土面积的 11%，宁夏 80%以上的野生动植物资源得到有效

①中共国家林业局党校第期党员领导干部进修班：《发展生态民生林业建设绿色富民家园——中共国家林业局党校第 46 期党员领导干部进修班赴宁夏回族自治区考察调研报告》，《宁夏林业通讯》2015 年第 14 期，第 3—7 页。

②数据来源：国家林业局：《2015 年森林资源清查主要结果发布》，中国园林网，2016 年 4 月 22 日。

保护[①]。

3. 湿地建设

建成国家级湿地公园 12 个（鸣翠湖、阅海园区、黄沙古渡、鹤泉湖、石嘴山星海湖、镇朔湖、简泉湖、吴忠黄河、太阳山、青铜峡库区、固原清水河、中卫天湖、平罗天河湾）[②]，湿地总面积 2.8 万公顷（约 42 万亩）。自治区级湿地公园 10 个，宁夏湿地保护面积 310 万亩，宁夏成为全国为数不多的湿地面积增加的省区之一[③]。

4. 新能源开发

沙区有丰富的风能和太阳能，通过科学开发利用，发展生态农业，有利于改革沙区生产生活方式。同时，大力发展太阳灶、光伏发电、风力发电等解决沙区能源问题，减轻对薪柴的依赖程度。

5. 发展沙区旅游业

宁夏悠久的历史文化及具有民族特色的回乡文化，依托特殊的自然环境，吸引大量的游客到宁夏旅游，游客不仅可以观赏独特的沙漠自然风光，也可以了解西夏文明的兴衰史。近年来，宁夏沙漠旅游业年产值达 12 亿元以上，经济效益巨大，可以为当地防沙治沙工作提供资金支持，最终形成良性循环，实现区域生态、经济的可持续发展。

（四）宁夏荒漠化治理及沙产业发展经验

1. 坚持政府主导、政策促动，构建多元化的治沙格局

自治区党委、政府高度重视防沙治沙工作，坚持把防沙治沙作为"美丽宁夏"建设的基础性工程来抓。成立了政府分管主席任组长的防沙治沙领导小组，各级政府也都把防沙治沙提上重要的工作日程，逐级落实防沙

---

① ③ 数据来源：国家林业局：《2015 年森林资源清查主要结果发布》，中国园林网，2016 年 4 月 22 日。

② 郑彦卿著：《加强"美丽宁夏"的顶层设计，引领建设"美丽宁夏"》，《宁夏社会科学》2015 年第 5 期，第 103—108 页。

治沙责任制。政府大力支持发展沙产业，给予财政补贴，并在税收、信贷、贴息等方面实行优惠政策，极大地调动了社会各界参与防沙治沙的积极性。形成了坚持政府主导，政策促动，社会各界广泛参与的多元化的治沙格局。

2. 坚持项目拉动、利益驱动，建立全国防沙治沙综合示范区

加强全国沙化土地封禁保护项目及防沙治沙示范县项目的建设，加强设施农业项目的建设，加强国际合作项目的实施，国家积极支持宁夏建设全国防沙治沙综合示范区，构筑西部重要的生态安全屏障。

3. 依托生态工程，有效遏制宁夏荒漠化的趋势

通过国家三北防护林、天然林保护、自然保护区和退耕还林还草等重点生态工程，重点加快毛乌素沙地、腾格里沙漠东南缘沙化土地综合治理。宁夏现有贺兰山、罗山、六盘山、沙坡头、白芨滩等 8 个国家级自然保护区，其中六盘山自然保护区核心区森林资源十分丰富，被专家称之为"黄土高原的绿岛"。据统计，"十二五"结束时，宁夏荒漠化治理区域内实际完成营造林 410.67 万亩，森林覆盖率由"十一五"的 11.89% 提高到 2015年的 12.63%，实现了沙化土地连续 20 年持续减少的目标。

4. 依托规划，注重实施，推动宁夏荒漠化治理

《宁夏防沙治沙规划（2011—2020 年)》中明确了建设任务和重点，组织实施了灵武白芨滩、中卫、同心、红寺堡 4 个全国沙化土地封禁保护项目，加快推进盐池、灵武、同心、沙波头区 4 个全国防沙治沙示范县建设。

5. 坚持产业治沙，沙产业发展初见成效

宁夏在防沙治沙工作中，坚持生态产业化，积极发展沙产业，着力促进农民增收，努力实现产业治沙的目的，实现沙退民富。目前，宁夏各类沙产业产值达 35 亿元以上，其中沙区经果林和沙生灌木林发展到 1600 多万亩，年产值 16 亿元以上；沙生药材种植基地接近 200 万亩，产值约 1 亿元；以沙生灌草为主的系列饲料产品有效解决了 100 余万只羊的舍饲养殖；防沙治沙成果的不断扩大，带动了旅游业的发展，沙漠旅游业产值达 12 亿

元以上；沙漠光伏产业也有了一定规模，开始发挥越来越大的作用①。

6. 加强国际合作，增强全民发展沙产业意识

加强国际合作，积极吸引外资，启动了世行贷款宁夏荒漠化治理与生态保护项目；继续实施德援二期项目和中德财政合作项目；加强中日合作吴忠市孙家滩黄土丘陵区水土保持项目监管；加强防沙治沙技术输出，建立国际荒漠化防治和交流平台，加大宣传力度，增强全民荒漠防治及发展沙产业的意识。

三、宁夏沙产业发展中存在的主要问题

（一）荒漠化防治形势严峻

宁夏目前仍有 35 万公顷土地有明显沙化趋势，已经形成的固定、半固定沙地稳定性差，遇到干旱或过度放牧等影响，易转化为流动沙地，表明宁夏防沙治沙工作的形势仍十分严峻。

（二）观念落后，认识不足

宁夏位于西北内陆地区，交通不便、信息不灵、农牧民文化水平不高，并受传统观念"以农为主"的影响，对于合理开发利用沙区资源的重要性和必要性认识不足，对沙产业发展重视不够，特别是对沙产业的发展前景缺乏深入研究，这些都影响了宁夏沙产业的发展。

（三）缺乏专门的资金渠道

治沙成本高、见效慢，国家及政府的投资无法满足宁夏防沙治沙的需要，迫切需要防沙治沙专项资金的资助。

（四）水资源分布不均，利用不合理

宁夏水资源在空间和时间分布上都存在不均衡性，加之不合理的利用水资源，导致宁夏荒漠化治理困难变大。

---

①数据来源：宁夏回族自治区林业厅：《我区荒漠化治理和沙产业发展情况的汇报》，2015 年 11 月。

（五）缺乏先进的科学技术指导

宁夏区内高等院校较少，人们的文化水平普遍不高，科技力量薄弱，尤其生物科技、工程技术、自动化技术缺乏等，成为制约当地沙产业发展的人为因素。

（六）保障体系不健全

主要体现在法制、决策、管理机制不健全，经费保障不到位，科学技术落后、职工文化素质较低等方面。

（七）沙产业发展不平衡

沙产业相对于农、林、草业等产业来说，起步较晚，治理及发展的困难大。现阶段，应把主要精力放在加大科技、工程建设中，如经济林、治沙造田、改造低产田、药材及经济作物等，注重以产业经济效益带动生态效益发展。

四、促进荒漠化治理及沙产业发展的建议

（一）继续加强国家及地方政策落实

1.科学编制沙产业发展规划

以往的规划侧重防沙治沙，现应从沙产业的视角编制规划，有利于推动宁夏沙产业的发展。建议由自治区政府组织，由自治区发改委会同财政、林业、农牧业、水利、国土资源、环保等部门进行编制"十三五"规划及中长期自治区沙产业发展规划，经自治区政府批准后组织实施。规划中明确沙产业发展的目标和重点，确定沙产业发展的步骤和措施。

2.加快沙产业示范基地建设

依托宁夏荒漠化地区现有的种养殖和旅游资源，重点发展生态环境治理、现代农业种养殖、高效节水设施农业种植、微藻类新兴农产品加工、生物转基因技术基地建设、沙生植物及中草药的培育与种植、新能源开发利用和生态旅游为一体的支柱产业，形成区域乃至世界有影响力的示范基

地。依托国家三北防护林、退耕还林还草、天然林保护、防沙治沙等重点林业工程，加强对盐池、灵武、同心、中卫4个县级综合示范区治沙项目的建设。

3.大力培育沙产业龙头企业

一是大力促进沙生植物产业链发展。如甘草等中药材产业链、沙柳"三炭循环"产业链、梭梭木产业链、苦豆产业链、沙地紫花苜蓿产业链、沙棘产业链、沙地薰衣草产业链、沙地特色养殖产业链等。二是积极推动砂基新材料产业链发展。如以沙为原料生产打印纸、壁纸、砖、玻璃、用于精密铸造领域的覆膜砂、用于石油开采领域的孚盛砂和用于生态建材领域的生泰砂。三是发展科技示范园区观光、休闲健康沙疗、沙漠旅游、沙地光伏发电、沙地花卉、食用菌等产业。

4.调整土地利用结构，推进工程治沙

培育驯化多种耐寒旱、耐盐碱的植物，建成沙漠物种资源库，变荒漠化土地为林业、草业用地；创新生物、工程固沙方法，在沙漠边缘地区大面积推广温室大棚种植，变沙地为农业用地、建设用地；发展土壤改良剂、有机肥料、沙质建材等制造业，变荒漠化土地为工业用地；发展"发电＋种树＋种草＋养畜"为一体的生态光伏产业，利用太阳能板发电、周边种树种草养畜，既能使原有的荒漠化土地改变为光伏电厂，又能增加地面覆盖度，保护地表生态，进而通过植树种草，防治荒漠化。

5.坚持封山禁牧，适当轮牧、休牧，加快美丽宁夏建设

坚持保护优先，自然封育为主的方针，进一步改善生态，建设美丽宁夏。进行禁牧封育与人工修复相结合、划区轮牧与设施养殖相结合、沙区资源开发与资源保护相结合，对封山禁牧进行精细化管理，建议在盐池县生态恢复较好地区进行划区轮牧、休牧试点，总结轮牧与生态恢复经验。

6.积极开发沙区新能源

沙区有丰富的风能、太阳能、天然气等资源，通过科学开发利用，发

展生态农业（温室大棚农业、绿洲农业），有利于改革沙区生产生活方式，这属于农业型沙产业。同时，可以发展太阳灶、风力发电、光伏发电、沼气为微藻类产品提供能源，解决沙区能源问题，减轻对薪柴的依赖程度，这属于非农业型沙产业。

7. 大力发展沙区生态旅游

依托宁夏悠久的历史文化及民族风情，迤逦的沙漠风光，丰富的旅游资源等，合理地发展当地的生态旅游，市场化运作，创造较高的经济效益，进而加大荒漠化防治的资金投入，形成良性循环。

（二）扩大国际交流与合作

建立中国防沙治沙国际交流合作中心，研究国际防沙治沙重大问题，举办国际国内防沙治沙培训班，为我国防沙治沙培养人才，为世界防沙治沙输出人才。善于利用网络信息化平台和传播力量，加大公众、新闻媒体等对宁夏沙漠化防治及沙产业发展的经验宣传和推广。

（三）建立稳定的投入机制

建立国家、地方、集体、个人以及社会各界联动互补多元化投入机制。进一步扩大对外开放，积极利用国际金融组织贷款和外国政府贷款，需要财政担保时，财政应予以担保。努力争取国际援助和合作项目，鼓励外商和国内有实力的企业前来投资生态建设和沙产业基地内的可再生资源开发利用。采取配套补贴和奖励的办法，引导社会资金和广大农民自有资金投资生态建设和沙产业项目建设。建议设立荒漠化治理及沙产业发展基金，吸引社会及国际荒漠化治理资金投入。

（四）合理利用水资源，调控地区用水量

宁夏荒漠化地区水资源匮乏，进行荒漠化防治及沙产业开发时，应合理利用有限的水资源，综合运用节水设施、节水科技等发展节水产业。靠近黄河的地区，可以建立人工渠，有计划地引黄入沙，适度增加引水灌溉的面积，使沙区边缘地区逐步变为绿洲，既可以改善当地的生态环境，又不会引起河流的水量锐减，改变水资源利用中的空间不均格局；建立小型蓄水库，收集夏秋季节的降雨，待到用水时再进行调用，从而调节水资源利用的季节分配不均。

（五）加大科学技术支持

加强沙区资源科学研究，对发展前景好、经济价值高的沙区资源的人工培育、加工利用等重点技术进行合作研究，争取早日投入使用；加大科研院所的科技输出，如生物科技、工程技术、计算机自动化控制技术等；依托中国科学院等科研院所及大专院校的合作，加快微藻类、生物转基因、高科技沙生植物等高科技生物产品的开发与推广；加大对沙产业的技术指导，提高科技成果转化率；加强管理和技术人员培训，提高人员素质；按照高科技、低能耗、高效益的思路，建设一批高科技沙产业示范基地，以点带面，促进沙产业的发展。

（六）完善荒漠化治理的保障体系

建立保护环境的法制体系。以新修订的《环境保护法》为龙头，明确政府、企事业单位责任，加大违法处罚力度，改革环境执法体制，加强基层执法能力建设，建立完善执法管理体制。出台荒漠化治理与沙产业发展的法律法规，加大法律保障力度。

建立系统的、完整的生态文明制度体系。加快建立盲目决策损害环境终身追究制和损害赔偿制度，实施生态补偿机制；建立行之有效的环境管理制度，清查宁夏的自然资源资产，编制资产审计表，有效保护宁夏脆弱的生态环境，防止荒漠化面积扩大。

建立改善生态环境质量的政策支持体系。加强资源环境市场制度建设，完善价格形成机制，发挥市场在环境保护中的决定作用。有序开放由市场提供服务的环境管理领域，大力发展环保服务业。构建行政监管、社会监督、行业自律、公众参与、司法保障等多元共治的环境监督体系，有效推进宁夏生态环境改善。

（七）落实和完善针对沙区的各项优惠政策

实行沙产业与农、林、草业一视同仁，向沙产业倾斜的优惠政策。通过扩大减免税费、补贴范围和提高补贴标准，调动农民、企业及社会力量的积极性，引导沙产业走集约化、节约化、科技型、低碳型的发展之路。对贯彻实施退耕还林还草的个人及单位继续发放草原补贴。为发展沙产业营造的再生性原料林，按公益林对待，享受造林补贴和公益林补偿金。对于以沙生植物为原料的加工企业，减免企业所得税地方留成部分。帮助在治沙造林中作出贡献的困难企业解决实际问题，以免治沙成果受损。

将宁夏建成一个具有民族特色和时代风格、具有绿色生态和环保的荒漠化治理与沙产业开发示范区，集生态旅游、学习体验、深化教育、保护生态环境、开拓新兴沙产业产品、促进社会经济生态和谐发展的精神家园。

宁夏生态城市建设研究

郭亚莉

生态城市（ecological city），又称生态社区（eco - community）。1971年，联合国教科文组织在"人与生物圈"计划中首次提出了"生态城市"的概念，提出了用生态学的理论和观点研究城市环境，明确了追求人与人、人与环境高度和谐的生态城市目标。

生态城市是一个以人的行为为主导、自然环境为依托、资源流动为命脉、社会体制为经络的"社会—经济—自然"的复合系统，是资源高效利用、环境友好、经济高效、社会和谐、发展持续的人类居住区。从生态哲学角度看，生态文明城市实质是实现人（社会）与自然的和谐，这是生态城市的价值取向所在；从开展循环经济的角度看，可创建低碳经济，拓展绿色经济，形成生态产业体系和发展。从生态经济学的角度看，生态城市的经济增长方式是内涵增长模式，更加注重对低碳、绿色和生态技术的运用；从生态社会学角度看，生态城市的教育、科技、文化、道德、法律、制度等都将"生态化"；从系统学角度看，生态城市是一个与周边城郊及有关区域紧密联系的开放系统，不仅涉及城市的自然生态系统，如空气、

　　作者简介：郭亚莉，宁夏社会科学院综合经济研究所研究员，主要从事农村经济、扶贫开发、妇女问题研究。

水体、土地、绿化、森林、动物生命体、能源和其他矿产资源等，也涉及城市的人工环境系统、经济系统和社会系统。

党的十八大首次把生态文明建设纳入我国社会主义现代化建设"五位一体"的总布局之中。2015 年 12 月，自治区党委十一届七次全会明确提出，实施生态优先战略，把生态文明建设融入经济社会发展全过程，推动形成绿色发展方式和生活方式，建设祖国西部生态安全屏障和全国生态文明示范区。2017 年 6 月 6 日，在自治区第十二届党代会上，新一届自治区党委政府对宁夏未来五年发展做出新的部署，提出"打造西部地区生态文明建设先行区，筑牢西北地区重要生态安全屏障，生态环境保护和治理取得重大成果。"党的十九大报告将建设生态文明提升为"中国民族永续发展的千年大计"。

一、宁夏生态城市建设现状

（一）现　状

从 1980 年以来，宁夏先后陆续实施了一系列生态环境建设重大工程。包括三北防护林、水土流失重点治理、天然林保护、退耕还林草工程，并在全国率先实行全区范围禁牧封育，生态建设进入了"整体遏制，局部好转"的新阶段。石嘴山跻身国家森林城市，吴忠荣获"中国人居环境范例奖"，固原被列为国家新型城镇化综合试点城市，中卫成功创建国家园林城市。尤其是首府银川阅海湾商务区、滨河新区、中阿国际生态城、贺兰山葡萄度假城、华夏河圈生态小镇等低碳生态城区的建设，并荣获全国文明城市、国家节水型城市、国家卫生城市、国家园林城市、国家环保模范城市、中国人居环境范例奖等殊荣以及全国首批水生态文明试点城市、"国家智慧城市试点""2014 亚洲都市景观奖"，等等。据 2015 年中国网报道，由中国生态文明研究与促进会发布的《2013 年中国省域生态文明状况试评报告》显示，宁夏在生态文明状况综合指数评价中进步率名列全国第一，成为进步最快的省区。

（二）问 题

1. 资源供给约束增大

城市规模扩大与耕地矛盾突出，单位土地经济产出率低，土地资源浪费较重。工业园区用地集约利用水平偏低，水资源严重短缺，一些区域已经形成地下水位降落漏斗，供需矛盾日益严峻。另外，能源消费结构不合理，清洁能源在宁夏大面积推广还有一定难度。

2. 生态环境压力增大

目前，宁夏工业废水、废气等排放达标率低于全国平均水平。机动车尾气污染、噪声污染、土地污染、水体污染、生态失衡等一系列城市环境问题呈不断加剧之势；废旧家用电器、报废汽车轮胎等废物回收和安全处置的任务繁重；农业面源污染、农村污水垃圾、畜禽养殖污染等环境问题突出；灰霾天气出现次数增多，化学需氧量、氨氮、二氧化硫、氮氧化物四类污染物增加，空气污染由单一型污染向复合型污染发展。

3. 转变发展方式难度加大

经济增长过多地依赖能源化工产业和以煤为主的能源消费结构。结构性矛盾依然突出，产业结构仍然偏重工业，高污染、高能耗行业仍占有较大比重。第一、三产业对经济增长的贡献率较低，新兴产业尚未形成主体支撑，现代服务业发展较慢，科技进步贡献率、全社会研发投入占地区生产总值比重和有效发明拥有量等与创新型省份建设的要求还有一定差距。

4. 生态意识仍需提高

部分企业环保责任意识不强，超标排放、非法排污和恶意偷排等现象依然存在。传统的社会生活方式和消费观念尚未根本转变，节水、节能、绿色消费、绿色出行等还没有成为人们自觉行为。

5. 制度建设亟待加强

循环经济、生态修复、生态补偿、环境公益诉讼等领域的地方法规尚未建立。环保责任追究和环境损害赔偿制度有待建立健全。环境保护与生态建设的多元化投入机制还需进一步完善。

二、 宁夏生态城市指标体系

生态城市指标是生态城市内涵的定量化表征。依据国家环境保护总局2007年颁布的《生态县、生态市、生态省建设指标（修订稿）》的要求，结合宁夏生态城市建设的现状和实践，设计生态建设评价指标体系分为生态空间、生态经济、生态环境、生态宜居、生态文化、生态制度和社会进步7个方面，50个指标组成。

表1   生态城市建设指标体系

一级指标	序号	二级指标	单 位	目标值（2020 年）	
生态空间	1	受保护地区占国土面积比例	%	≥22	约束性指标
	2	耕地保有量	万公顷		
	3	生态恢复治理率	%		
	4	污染土壤修复率	%		
	5	水土流失治理率	%	≥90	
	6	本地物种受保护程度	%	≥95	
生态经济	7	人均地区生产总值	万元/人	10	
	8	城镇居民人均可支配收入	元/人	35000	
	9	农民人均纯收入	元/年	16000	约束性指标
	10	服务业增加值占 GDP 的比重	%	≥60	
	11	高新技术产业产值占规模以上工业产值比重	%	≥50	
	12	科技进步贡献率	%	≥55	
	13	单位 GDP 能耗	吨标煤/万元	≤0.5	约束性指标
	14	单位工业增加值新鲜水耗	立方米/万元	≤20	约束性指标
	15	强制性清洁生产企业通过验收的比例	%	100	约束性指标
	16	农业灌溉有效利用系数	M3/万元	≥0.55	约束性指标

续表

一级指标	序号	二级指标		单位	目标值（2020 年）	
生态环境	17	主要农产品中有机、绿色及无公害产品种植面积的比重		%	≥75	
	18	环境保护投资占 GDP 的比重		%	高于当年经济增长速度	约束性指标
生态环境	19	主城区空气质量达到二级标准的天数比例		%	高于国家标准	约束性指标
	20	集中式饮用水源地水质达标率		%	100	约束性指标
	21	噪声达标率		%	达到国家标准	约束性指标
	22	主要污染物排放强度	化学需氧量 COD	%	<2	约束性指标
			二氧化硫排放量	%	<3	约束性指标
			CO_2 减排	%/年	<5	约束性指标
	23	城市污水集中处理率		%	≥100	约束性指标
	24	工业用水重复利用率		%	≥95	约束性指标
	25	生活垃圾无害化处理率		%	≥100	约束性指标
	26	工业固体废物处理利用率		%	≥100	约束性指标
生态宜居	27	森林覆盖率		%	高于国家标准	约束性指标
	28	建成区绿化覆盖率		%	≥45	
	29	管网水水质年综合合格率		%	100	
	30	人均公共绿地面积		平方米/人	高于国家标准	约束性指标
	31	新建建筑中绿色建筑比例		%	100	
	32	垃圾分类收集覆盖率		%	100	
	33	主城区公交出行分担率		%	≥50	
	34	人均住房面积不足 12 平方米的城镇低收入群体住户降低率		%	≤90	
	35	集中供热普及率		%	高于国家标准	
生态文化	36	生态文明知识普及率		%	≥100	
	37	文化产业增加值占 GDP 比重		%	≥5	
	38	居民文化娱乐消费支出占消费总支出的比重		%	≥20	
	39	公益性文化设施免费开放率		%	≥100	

续表

一级 指标	序 号	二级指标	单 位	目标值 （2020 年）	
生态 制度	40	规划环境影响评价执行率	%	≥95	
	41	环境信息公开率		≥100	
	42	生态文明建设工作占党政考核的 比例	%	≥20	
社会 进步	43	城市化水平	%	≥65	
	44	人均受教育年限	年/人	≥14	
	45	社会保险覆盖率	%	≥95	
	46	社会安全指数	%	≥100	
	47	人口自然增长率	%	达到国家标准	
	48	公众对环境的满意率	%	≥80	
	49	行政服务效率	%	明显提高	
	50	廉洁指数	%	明显提高	

三、宁夏生态城市建设总体思路

根据《宁夏回族自治区空间发展规划》指导思想，按照把宁夏作为一个城市规划建设的思路，坚持规划引领、坚持统筹推进、坚持集约高效，突出特色优势，彰显文化内涵，以人的城镇化为核心，以城市群为主体形态，促进城镇发展与产业支撑、就业转移和人口集聚相协调，构建"结构合理、分工明确、功能互补、产城融合、生态文明"的空间格局，实现城乡统筹发展、区域协同推进。

（一）生态城市空间布局

根据《宁夏回族自治区城镇体系规划（2014—2030 年）》主要内容，按照全区一盘棋的发展思路统筹规划，全区形成"一主三副，核心带动，两带两轴，统筹城乡，六廊十区，保护生态"的总体空间结构。

1. 一主三副，核心带动

一主是指大银川都市区，由银川市、吴忠市利通区、青铜峡市、宁东能源化工基地和盐池高沙窝镇构成。三副是指石嘴山、固原、中卫三个副中心城市。通过"一主三副"，增强中心城市的辐射带动能力，全面提升生产生活综合服务功能，打造宁夏对接"一带一路"、实施内陆开放、加快发展的核心地区。

根据《宁夏空间发展规划》的思路，构建大银川都市区，提升宁夏的核心服务功能。大银川都市区是内陆开放型经济试验区的核心区，规划建成中阿国际合作桥头堡、国家能源化工和现代制造业基地、清真食品和穆斯林用品产业基地、区域性国际物流中心。在新一轮发展中，以"全域银川"的战略为先导，定位、调整银川的产城关系、城乡关系，构建"产城一体，融合发展"的新型格局，推动城乡统筹、产城融合和同城化发展。

强化三个副中心，成为服务辐射区域的重要支点。加快石嘴山、固原、中卫发展建设，拓展大银川都市区核心功能，形成区域协调发展、功能互补、特色突出的副中心城市，提升宁夏整体功能。

2. 两带两轴，统筹城乡

两带两轴是指沿黄城市带、清水河城镇产业带，以及太中银、银宁盐发展轴。通过两带两轴，统筹宁夏川区和山区，促进生产要素和人口向沿河、沿交通干线等具有良好发展条件的地区集聚，推动城镇和产业协调发展，形成大中小城市和小城镇合理分工、功能互补、协同发展的城市群，实现区域和城乡一体化。同时，严格控制轴带上城市规划边界，禁止在规划区外随意建设，保护沿黄城市带生态环境和农业资源。两带两轴在做强中心城市的同时，建设大县城，适度发展一批重点镇，有序实施美丽乡村建设，加快推进扶贫攻坚，形成大中小城市和小城镇合理分工、功能互补、协同发展的城镇格局，促进城乡一体化发展。

（二）生态城市生态布局

"两山、一河，沙漠、绿洲"是宁夏生态景观的基本特征。依托贺兰山、六盘山、黄河等"大山大水"特色生态资源，完善生态网络格局，构筑西部生态宜居示范区和重要生态屏障。

宁夏以山、原、河、川生态资源为载体，构建"二山一河""六廊十区""三城一区"的生态布局，成为宁夏"生态立区"的战略基点。

1. "二山一河"

"二山一河"，即贺兰山、六盘山和黄河。贺兰山是银川市的天然屏障，要切实加强贺兰山自然保护区的林地养护、防风固沙，防止水土流失。禁止不合理开发和一切导致生态功能退化的人为活动。六盘山有良好植被，依托六盘山旅游资源以及良好气候环境，以红色旅游和六盘山景区为重点，发展度假避暑、疗养休闲等，建设固原生态文化旅游区。以黄河为纽带，顺势连通星海湖、沙湖、鸣翠湖等湖泊湿地，按照"串点成线，连线成面"的路径，构筑区域、城乡一体的生态空间格局，构筑西部重要生态屏障。

2. "六廊十区"

"六廊"，即黄河、清水河，贺兰山—沙坡头、惠农—盐池防沙治沙、南华山—哈巴湖、香山—六盘山水土涵养6条生态走廊；"十区"，即贺兰山、罗山、沙坡头、香山、南华山、火石寨、云雾山、六盘山、白芨滩、哈巴湖10个重要生态保护区。

生态走廊主要承担着保护生物多样性、过滤污染物、防止水土流失、防风固沙、调控洪水等生态服务功能。优先恢复和建设生态走廊，改善生态服务功能，建设美丽宁夏。黄河和清水河生态走廊，加强两岸生态林、湿地公园等建设，完善河流水系、防止水土流失；在黄灌区，不同大小的湖泊湿地"斑块"连成一体，恢复湿地植被，完善湿地生态系统的结构和功能。贺兰山—沙坡头、惠农—盐池防沙治沙生态带，建设防风固沙生态林带，实施封沙育草造林工程，构建城市生态防护屏障。南华山—哈巴湖、香山—六盘山水土保持生态带，保持水土，涵养水源。

目前，宁夏已晋升为国家级自然保护区分别是宁夏贺兰山国家级自然保护区、宁夏沙坡头国家级自然保护区、宁夏罗山国家级自然保护区、宁夏灵武白芨滩国家级自然保护区、宁夏六盘山国家级自然保护区、宁夏哈巴湖国家级自然保护区、宁夏南华山国家级自然保护区、宁夏云雾山草地类国家级自然保护区和宁夏火石寨丹霞地貌国家级自然保护区9处。对于防止和减轻自然灾害，协调流域及区域生态保护与经济社会发展，保障国家和地方生态安全具有重要意义。

3."三城一区"

"三城"，即阅海湾生态城、滨河生态城及海兴生态城，"一区"，即宁东循环经济示范区。宁夏可以考虑建设阅海湾生态城、滨河生态城、泾源生态城及宁东国家循环经济示范区。目前，阅海湾生态城、滨河生态城及宁东国家循环经济示范区的建设已有雏形，泾源生态城宁夏生态脆弱的南部大县城建设均需要从生态城的角度去规划建设。生态城建设要坚持资源利用、生态环境和发展模式可持续的原则；突出生态优先、以人为本、新型产业、绿色交通等特点；所有建筑要达到绿色建筑标准，建设清洁能源公交、慢行体系；积极推广新能源技术，加强能源阶梯利用，提高能源利用效率；规划发展中坚持生态优先、保护利用。

一是建设阅海湾生态城。银川阅海湾是承载高端商务、聚览总部经济的重要载体，具有良好的城市和产业依托，具备建设生态城的优越条件。区域内有优越的水资源，河湖水网密布，大面积的水体和绿化是天然的生态长廊。区域内以现代服务业为主要建设目标，重点发展金融、物流、创意、文化等功能性服务业；会展、旅游、航运服务、社区服务等新兴服务业；研发设计、中介代理、营销推广等生产性服务业；系统集成、软件维护、咨询培训等软件服务业。

二是建设滨河生态城。滨河新区顺应了"两个最适宜"城市、率先建成全面小康社会、全力打造现代化区域中心城市的需要。新区依水而建、放大了"天下黄河富宁夏"的优势效应，可用荒地充足，适宜发展新型工业、新型城市。新区产业是以技术研发、信息服务、教育培训、总部经济和新型能源为核心的高新技术产业基地和以低空服务、新型材料、精细化工和现代物流为核心的战略性新兴产业基地以及国际商贸、国际金融、文化产业和综合旅游服务为核心的现代服务业中心和以文化创意、创新孵化、生态休闲和现代健康为核心的文化旅游产业基地。滨河新区是"一张白纸"，便于描绘最新最美的生态"画卷"。

三是建设泾源生态城。泾源县地处国家级六盘山自然保护区腹地，森林覆盖率、植被覆盖度、生态系统服务功能指数、主要污染物排放量、空气质量达标率等约束性指标远远超出了国家的考评指标，被誉为黄土高原上的一颗绿色明珠；泾源县历史悠久，区域文化积淀雄厚，文物古迹众多，已形成了以自然山水、森林景观、回乡风情为特色的生态旅游休闲避暑度假区，是我国首个旅游扶贫试验区。福银高速越境通过，"312"国道从六盘山镇东西横穿，"101"省道南北穿越；另有泾隆、泾平、泾白、泾彭县道，基本形成"二纵四横"干线的主骨架，交通十分便利。城镇格局呈现"带状组团式"格局，泾源县城镇空间结构形成以 312 国道、101 省道为条带，以县城为中心的中部组团，以六盘山镇为中心的北部组团，以泾河源镇为中心的南部组团。泾源县具有独特优势，是宁夏南部山区最适合发展生态城市的县域。

四是建设宁东循环经济示范区。宁东基地是国家 14 个亿吨级大型煤炭生产基地之一，重点发展煤炭、电力、煤化工和新材料四大主导产业，延伸发展乙烯、丙烯、副产 C4 三大下游产业，形成通用树脂、有机原料、高性能合成橡胶、工程塑料及特种树脂、专用化学品五大类高端产品集群，形成相对集中、互为补充、协调发展的现代能源化工产业体系。基地

155

大力发展循环经济，坚持煤炭资源清洁高效利用，构建产业高端集群。高标准实施节能环保。建立节能节水、污染减排和环境质量全面量化控制体系。推动技术、管理和商业模式创新。宁东基地的高起点、高标准具备打造成为国家循环经济示范区的基本条件。

四、基于可持续发展的新型城镇化建设任务

（一）建设"两宜"城市目标

产业，是城市发展的支柱和动力源泉；城市，则是产业发展的载体和依托。将产业功能、城市功能、生态功能融为一体从而构筑宜居宜业城市的发展格局。

目前，宁夏的生态建设取得了较大的成绩，人居环境明显改善。但是宁夏的工业化水平滞后于人口城镇化水平，人口城镇化水平滞后于土地城镇化水平，城市内人口密度较低，缺乏聚集人口的产业支撑。现代服务业发展层次不高，金融服务业发展缓慢等问题，造成银川市的就业弹性较小，高端行业效少。要建设宜居宜业城市必须坚持以人为本，尊重自然生态规律、采用科学高效的管理模式建设成的自然环境和人居环境完美结合、社会体系与生态系统协调共处可持续发展的城市。不仅要继续加强创业培训，提升创业园区的孵化功能，还要将城市功能、产业功能、生态功能融为一体，进一步完善产城一体规划。按照绿色发展、循环发展、低碳发展的理念，坚持走新型工业化道路，推进传统产业高端化、特色产业集群化、高新产业规模化发展，大力发展现代服务业，增强产业的核心竞争力和可持续发展能力。

（二）建设"生态城市"目标

近年，宁夏的生态保护和控制工业污染物的排放，生态环境恶化的趋势得到了初步遏制，首府银川获得中国人居环境奖和全国首批水生态文明试点城市。但是，宁夏的生态环境依然十分脆弱。生态城市必须以优良的

生态环境作为城市可持续发展的核心支撑。生态城市是一个综合、整体的概念，蕴含社会、经济、自然复合生态的内容，强调社会、经济、自然协调发展和整体生态化，即实现人与自然共同演进、和谐发展、共生共荣，是一种可持续的发展模式。

同时，应强调将生态建设融入经济、政治、文化、社会建设。生态城市应该是生态环境健康宜人、人居功能完善便捷、生态产业蓬勃高效、城市文明先进开放、人民生活和谐幸福的现代城市典范，具体体现在生态环境之和谐、宜居生活之和谐、经济繁荣之和谐、道德文化之和谐和安居乐业之和谐。

五、宁夏生态城市发展对策建议

（一）宁夏生态城市建设的政策引导

1. 主体功能区与生态城市

第一，以保护自然生态为前提，在对宁夏资源环境承载能力和环境容量的综合评价的基础上，明确空间开发的类型、发展方向和管制原则，规范开发秩序，避免对区域内自然、资源、环境和生态造成过度的消耗和利用。第二，提高公共基础设施的质量和水平，提高资源利用效率和环境保护水平。在城市规划和建设中，基础设施建设要高起点，高定位；大力发展低排放、低能耗和低污染的大众交通方式；大力开展节约用水，重视水污染问题。第三，根据宁夏生态特点，积极发展新兴产业，减少高排放、高能耗和高污染产业的比重。第四，加强生态环境保护，走集约化道路。发展环境经济，提高发展质量。第五，调整能源结构，提高能源利用率。

2. 以生态城市理念和规划指标体系引导生态城市规划

生态城市规划要注意以下方面：第一，生态现状分析，包括对环境生态分析、经济生态分析和社会生态分析。环境生态分析主要包括生态过程、生态承载力、生态格局、生态敏感性、生态适宜性以及生态和谐性分析等。经济生态分析包括经济总量、经济活力、经济发展阶段、城市社会功能、社会和谐度、空间分配、空间场所冲突、文化教育事业分析等。社会生态分析还要对经济分配状况，尤其是空间利益分配状况进行分析。第二，制订生态建设规划和专项规划。目的是建立复合生态系统的良性运转。要在对宁夏生态承载力和适宜性分析的基础上，对城市的发展进行综合部署和统筹安排。专项规划主要包括宁夏战略分析规划、总体布局和土地利用空间结构、交通规划、自然生态环境规划、基础设施规划、社会规划、分期建设规划和实施保障等方面。第三，结合宁夏生态现状，建立生态建设指标体系。

3. 推行规划环评保障城市可持续发展

第一，规划区域环境状况调查及评价，主要包括环境、社会和经济三方面。第二，规划的环境影响因素分析和预测，包括法治影响因素和非污染影响因素。第三，规划区域资源承载能力分析，主要分析城市总体规划对环境资源的需求量、资源的利用方式和利用率。第四，规划方案的环境影响分析与评价，主要预测环境要素（生物多样性、水、空气、土壤、声、固体废物、社会经济、文化遗产、景观）直接影响和间接影响，以及累积影响。第五，环境容量与污染物总量控制。第六，规划的环境合理性综合分析。

4. 以全方位的可持续交通系统引导城市高效节能运转

根据城市规模和人口密度，要大力提倡发展步行、自行车和公共交通等高效绿色交通工业，鼓励新能源和技术的研发与应用，降低城市交通系统燃油消耗，降低城市交通系统尾气排放。

首先，大力发展公共交通。构建符合城市规模、空间布局的一体化公共交通系统；推行城市规划、土地开发中 TOD 的强制应用；建立政府主导的城市公共交通特许经营制度；制定科学合理的公共交通票价结构；鼓励公交行业新能源和新技术的应用；积极开展绿色交通出行的活动和宣传。

其次，城市规划中体现可持续发展交通的观念。充分考虑居民出行的需求。基础设施建设集约化、生态化。再次，加强交通需求管理。在规划发展BRT、城市轻轨、城际铁路和公交枢纽的同时，应该考虑小汽车和公共交通的对接，规划设置充足的停车场，可以考虑实行停车费和公共交通的联动票制等。

5. 以生态城市发展要求引导城市工业发展

第一，加快城市工业结构优化升级，增强可持续发展能力。第二，实施城市工业空间转移和布局优化。切忌将淘汰、落后的、丧失生命力的技术原封不动地转入。要建立一种以"技术转移为主导的结合地域优势的工业空间转移模式"，任何一种产业的迁入必须适合本地的生态环境和产业发展的实际需要。第三，发展循环经济，挖掘城市节能减排潜力。建立城市生活垃圾和主要废弃物回收和再生系统，实现废弃物资源循环利用。

（二）生态城市建设的技术支撑

1. 研究推广生态文明城市规划关健技术

生态文明城市规划技术包括两个方面：一是在城市规划中体现和强化生态文明城市理念的规划技术，二是生态文明城市建设项目上的规划技术。

在综合考虑生态环境特征的基础上，建立更为科学、适用、系统、和可操作的指标体系。建设生态城市要研究科学的城市和区域的生态承载力计算技术。此外，要重视研究本地经济社会活动或重大基础设施建设对生态系统影响的评价和预警技术。

2. 引介和研究适用的规划技术手段、引导城市高效运营

进一步研究适用于宁夏城市快速公交规划设计技术，包括系统规划、专用车道规划设计、车站和站场规划设计（行人过街设施）、运营规划设计（与常规公交线路整合和运营车辆）、智能交通规划设计、投融资政策和票制票价指引，等等。消除大众对快速公交功能定位上的疑虑，引导快速公交良性发展和城市高效运营。

3.研究推广绿色建筑技术，促进城市节能减排

要抓住发展绿色建筑的契机，集中科研创新，实现对建筑行业产品的技术升级，提升价值。全面推进新区建设和城市更新的建筑节能改造。制定节能65%标准体系、技术支撑体系和节能监管体系，推动新建建筑节能达标率达到100%。

4.研究推广清洁生产技术，挖掘城市生产降耗减排潜力

首先，加强发展节能和提高能效的适用技术。优先在建筑和交通等城市关键能耗领域研究和推广节能、提高能效、减少排放和浪费的生产技术。其次，进一步推动清洁生产技术应用。一方面，通过市场和企业构建清洁、循环的生态工业体系；另一方面，政府从多角度提出合理的政策，推动企业节能减排、清洁生产和循环经济。政府可以通过合理的财税制度调节企业行为，建立完整的资源、环境和能源税体系，并按照资源的自然属性、短缺程度、损害环境成本大小等因素，实行差别税率。建立有利于节能减排、清洁生产和循环经济发展的成本与价格机制，促使企业主动节约资源和节能减排。再次，以清洁原料、清洁工艺和清洁产品为核心，全面提升工业的清洁化水平。进一步加强对冶金、化工、建材等行业清洁生产的审核，全面提升清洁生产水平。持续开展ISO14000环境管理体系、环境标志产品和其他绿色认证。

（三）生态城市建设的体制创新

1.形成鼓励城市发展的激励机制

第一，调整政治激励。政府绩效考核指标体系由GDP主导，转向综合化，使资源、环境和社会指标占更大的权重，使对政府的政治激励转向节约资源、保护环境和促进社会和谐方面。研究制定生态建设目标考核办法，半年考核一次，考核结果作为评价各地区和各部门领导班子和主要领导政绩、实行奖惩与任用的依据之一。第二，完善财政激励。尽快完善政府的财税激励机制，建立制度化的可持续城市建设的财政激励机制。第

三，运用价费、财政、信贷、保险等经济手段，加快形成资源要素科学配置的体制机制。

2.约束政府的行政自由裁量权

必须通过强化、细化程序性规定和完善制度建设压缩政府的行政自由裁量空间。推动与财政预算机制配套的行政管理体制改革。

3.构建多层次、多手段的权力制衡与监督机制

要充分结合立法、财政和行政命令等多种手段，实现对生态的监管。充分发挥人大和政协的监督作用。建立政府重大决策听证和评议制度。增强行政决策的透明度和公众参与度。建立完善政府决策问责制度，推进决策科学化、民主化。

4.完善城市规划管理政策机制

首先，要明确产业布局规划的用地类型要求，限制高耗能、高污染高排放产业发展。其次，制订规划指标体系，规划和引导生态城市发展。再次，加强规划环境评价管理。把城市规划环境评价纳入城市规划管理的政策体系。最后，强化对综合交通系统建设的规划管理。

（四）生态城市建设的管理系统

1.标准化的城市管理体系

以责任分工、指标量化、检查考核三个体系建设为中心，逐步构建分工明确、管理高效、科学规范的标准化城市管理体系，切实提高城市管理水平。

2.智慧宁夏与数字化城市综合管理系统

继续完善数字化城市综合管理系统，实现城市管理全时段、全方位覆盖。建立完善以建筑物和地下管网为重点的数字化城建档案。

3.增强城市管理的服务意识

探索实行"职能有机统一的大部门机制"；逐步增加公共服务覆盖面；提高教育、就业、就医、社会保障等社会公共服务均等化水平。

（五）生态城市建设的生态文化

第一，采用各种形式，引导市民树立生态文明理念。第二，以生态理念引领文化事业发展，加强公共文化服务体系建设。第三，充分运用宣传、教育、合作、交流、科技创新等手段，推广生态文化。

参考文献

[1]中国城市科学研究会主编：《中国确切碳生态城市发展战略》，中国城市出版社，2009年。

[2]王良著：《生态文明城市：兼论济南建设生态文明城市的时代动因与战略展望》，中共中央党校出版社，2010年。

[3]宁夏回族自治区第十一届人民代表大会常务委员会第十三次会议审议通过：《宁夏回族自治区空间发展战略规划条例》，2015年1月1日起施行。

[4]宁夏住建厅：《宁夏回族自治区城镇体系规划(2014—2030年)》，2015年6月12—13日。

宁夏建设海绵城市研究

徐东海

所谓海绵城市，顾名思义，是指"城市能够像海绵一样，在适应环境变化和应对自然灾害等方面具有良好的'弹性'，下雨时吸水、蓄水、净水，需要时将蓄存的水'释放'并加以利用。"[①]这无疑成为城镇化发展、城市建设方面的重大变革和理念创新。总体而言，海绵城市建设的具体特点表现在以下两个方面。

一是应对性。海绵城市建设是为应对伴随城镇化进程产生的城市水问题而提出的新思路。伴随城镇化进程产生的城市水问题集中体现在城市水资源短缺、洪涝灾害、地下生态环境恶化。

二是转化性。海绵城市建设是将伴随城镇化进程产生的城市水问题的灾害性转化为水资源和水生态而探寻的新方向。这一转化主要体现在下雨时吸水、蓄水、净化水，同时在必要的时候所储存的水资源能够得以释放；个别景观建设向产业化转化；单一应对措施向综合全过程管理转化。

作者简介：徐东海，宁夏社会科学院社会学法学研究所助理研究员。
[①]住房和城乡建设部：《海绵城市建设技术指南——低影响开发雨水系统构建（试行）》，2014年10月。

一、宁夏海绵城市建设的背景

(一) 国际海绵城市建设背景

纵观 20 世纪全球各大都市在其建设成长过程中对雨水的处理，大致采取的都是地下的、隐蔽的方法来运作。经由这一方法，雨水基本通过在屋顶设置的排水管道和沿建筑外墙竖直设立的落水管排放到地面上，而后再经由各类都市道路边沿排水沟进入城市街道的下水井或排水口进入不透水的地下水流通道，最后在地下排水或污水处理系统中得以汇集，进而被处理。有的则直接排入某一江河湖海，迅速回归自然。其实，这就为洪涝、干旱、水生态污染埋下了伏笔。

20 世纪末，伴随科技发展，人们对地皮以及与生活息息相关的更大规模的城市环境生态问题有了更深入的理解、领会、认识，开始清楚明确地意识到进一步强化雨水管理、雨水净化、雨水利用的必要性。可持续发展把雨水管理纳入了必须达成的主要目标之一。伴随世界城市化进程的飞速发展，雨水管理在全球范围内取得很大的进展。

表1　世界各国海绵城市建设主要举措

美国	将包括非面源污染控制以及水质水量控制和生态系统保护的最佳管理实践(BMPs)应用于城市中的雨水管理中。
德国	将"雨水收集"(RWH)这一词语应用到基于自然原则城市雨水管理中；高效集水，平衡生态；发达的地下管网系统；2017 年准备出台白皮书，详细介绍城市绿地建设具体措施。
澳大利亚	水敏感城市设计(WSUD)：对雨水充分利用，将城市水循环和城市发展相结合起来，以应对城市人口增长、城市密度增加和长期的干旱。
瑞士	雨水工程，民众参与；提倡节约用水，鼓励民众下雨时吸水、蓄水、净水，使雨水得到循环利用。
日本	推行雨水贮流渗透计划；建设雨水流出抑制型下水道
法国	整体性思考；将地面透水性视为方案设计的基础因素；生态草沟、围篱式沟渠、净水泻湖以及沉淀池等建设；人行道、车道以及停车场采用草地以及多样的花卉地面。

续表

新加坡	疏导有方,严格标准;预先规划城市排水系统;加强雨水疏导,建设大型蓄水池;建立严格的地面排水标准。
印度	国际水管理研究所 Hugh Turra 提出"海绵城市"这一概念。
联合国	国际减灾战略署报告指出,连续三年,每年自然灾害导致经济损失达到 1000 亿美元,建议城市在发展低碳可持续的同时采取提高城市的弹性应对能力。

总体而言,世界各国在海绵城市建设方面,步伐快于我国;在建设方法措施上积累了许多宝贵经验。2014 年完工的法国比扬古公园,坐落于布洛涅—比扬古市的雷诺汽车旧厂房遗址,外观就像塞纳河上的船坞,不仅是一个城市公园,更是一个承担着周围 70 公顷街区雨水处理任务的水利装置。公园的土地下凹部分形成了一系列可以承担蓄水功能的空间,这一空间被水淹没的程度是一个因变量,是依据下雨量的大小而变化。而泥炭沼泽、林下灌木丛、草原、沙地斜沟与沙滩依次排开,形成了一系列从潮湿到干燥的各种半自然的生态场所。比扬古公园在处理城市自然雨水和道路积水的同时,还有平衡塞纳河潮汐涨落的作用。根据规划设计,一旦 50 年一遇的洪水到来,整个公园将完全被淹没。[1]

(二) 国内海绵城市建设背景

2014 年 10 月 22 日,住房城乡建设部正式下发《关于印发海绵城市建设技术指南——低影响开发雨水系统构建 (试行) 的通知》(建城函〔2014〕275 号)。文件明确表示, "为贯彻习近平总书记讲话及中央城镇化工作会议精神,落实《国务院关于加强城市基础设施建设的意见》(国发〔2013〕36 号)、《国务院办公厅关于做好城市排水防涝设施建设工作的通知》(国办发〔2013〕23 号) 要求," 而 "建设自然积存、自然渗透、自然净化的海绵城市"。

---

[1]苏菲·巴尔波编著,夏国祥译:《海绵城》,广西师范大学出版社,2015 年。

．

根据财政部、住房和城乡建设部、水利部《关于开展中央财政支持海绵城市建设试点工作的通知》(财建〔2014〕838 号) 和《关于组织申报2015 年海绵城市建设试点城市的通知》(财办建〔2015〕4 号》《关于开展2016 年中央财政支持海绵城市建设试点工作的通知》(财办建〔2016〕25号)，2015 和 2016 两年共确定了 30 个海绵城市建设试点城市（见表 2)，中央将对这些城市进行补贴以促进海绵城市建设。

从表 2 我们可以看出，华东地区是海绵城市建设试点较集中的大区，共有 5 个省（8 个地市)、1 个直辖市，占试点城市总数的 30%，尤其是首批进入试点的城市有 5 个，占 31.25%。

首批进入试点的嘉兴市以晴湾佳苑、嘉兴植物园、芍药停车场、再生水厂建设形成了"点"的建设，以蒋水港绿道、湘家荡东外环河绿道建设形成了"线"的建设，以南湖为中心的 18.44 平方公里示范区建设形成了"面"的建设，同时还编制了《嘉兴市海绵城市建设技术规范》。①

2016 年第二批进入试点的深圳市，在很多"点"的建设上，已经有了一定的基础。深圳福田河与中心公园生态景观及水系统综合整治，以满足河道防洪要求为前提，通过节排污水和初期雨水、利用再生水补水、中水再净化、坡岸生态覆绿等措施，强化雨水蓄积与下渗，环节洪涝危害。与此同时，改善河流水质，恢复河道生态景观功能，使生态与防洪兼具，从而使得海绵城市的设计理念充分运用到整个河道建设中。②

认真总结国内外海绵城市建设的相关经验和教训，可以使我们在进行海绵城市建设时少走弯路，更快地找到符合宁夏实际的建设路径。与此同时，海绵城市建设将进一步整合多项城市建设工作，这更有利于形成合力打造美丽宁夏。

---

①凌子健，翟国方，何仲禹著：《海绵城市理论与实践综述》，年会论文。
②戴滢滢著：《海绵城市——景观设计中的雨洪管理》，江苏凤凰科学技术出版社，2016 年。

表2 我国中央财政支持海绵城市建设试点城市

序 号	大 区	省(区)	市	试点年份
1	华北地区	北京市		2016
2	华北地区	天津市		2016
3	华北地区	河北省	迁安市	2015
4	华北地区	河北省	鹤壁市	2015
5	东北地区	辽宁省	大连市	2016
6	东北地区	吉林省	白城市	2015
7	华东地区	上海市		2016
8	华东地区	浙江省	宁波市	2016
9	华东地区	浙江省	嘉兴市	2015
10	华东地区	山东省	青岛市	2016
11	华东地区	山东省	济南市	2015
12	华东地区	江苏省	镇江市	2015
13	华东地区	安徽省	池州市	2015
14	华东地区	福建省	福州市	2016
15	华东地区	福建省	厦门市	2015
16	华南地区	广东省	珠海市	2016
17	华南地区	广东省	深圳市	2016
18	华南地区	广西壮族自治区	南宁市	2015
19	华南地区	海南省	三亚市	2016
20	西南地区	云南省	玉溪市	2016
21	西南地区	重庆市		2015
22	西南地区	四川省	遂宁市	2015
23	西南地区	贵州省	贵安新区	2015
24	西北地区	甘肃省	庆阳市	2016
25	西北地区	青海省	西宁市	2016
26	西北地区	陕西省	西咸新区	2015
27	西北地区	宁夏回族自治区	固原市	2016
28	华中地区	江西省	萍乡市	2015
29	华中地区	湖北省	武汉市	2015
30	华中地区	湖南省	常德市	2015

二、宁夏海绵城市建设的现状

日前，2016 年海绵城市试点竞争性评审会议于 4 月 22 日在北京召开，财政部、住建部、水利部三部委组成了评审专家组，固原市经现场陈述、现场答辩、专家评分，最终从全国 17 个参加答辩的城市中脱颖而出，入选第二批国家海绵城市建设试点，成为宁夏唯一入选海绵城市建设试点城市，此后，将分三年获得国家 12 亿元的财政补助支持。随后，财政部、住房城乡建设部、水利部联合面向全国进行公示，"根据竞争性评审得分，排名在前 14 位的城市进入 2016 年中央财政支持海绵城市建设试点范围，名单如下（按行政区划序列排列）：北京市、天津市、大连市、上海市、宁波市、福州市、青岛市、珠海市、深圳市、三亚市、玉溪市、庆阳市、西宁市和固原市。"①

据悉，固原市海绵城市试点建设区位于原州区西部新区、西南新区和隋唐文化园区内，规划面积 43 平方公里，建设总投资估算 14.97 亿元。

事实上，固原作为干旱缺水城市，2014 年起，就在 2 平方公里的古雁西路片区针对街道、公园和停车场的设计建设就尝试围绕"节水、用水"做文章搞试点。2016 年，固原市同步开展城市更新改造与海绵城市建设。未来，将集中利用 3 年时间，安排建设 221 个海绵型建筑和小区，建设 49 个海绵型公园和绿地，建设 151 个海绵型道路和广场，对 30 公里的清水河固原城市段进行高标准综合治理，建设固原第二污水处理厂及资源工程，建成海绵型城市监测平台。②目前，所有项目规划设计方案基本确定，其中 43 个海绵型建筑小区、14 条海绵型道路改造、2 个公园绿地项目、4 条街区外立面改造及清水河水系综合整治项目均已开工建设。

---

①2016 年中央财政支持海绵城市建设试点城市名单公布，凤凰网，http://finance.ifeng.com/a/20160427/14350211_0.shtml，2016 年 4 月 27 日。

②新消息报：《"海绵固原"让城市充满弹性》，2016 年 6 月 27 日。

三、宁夏海绵城市建设的优劣势分析

(一) 宁夏海绵城市建设的优势分析

1. 顶层设计

中共十八届五中全会所提出来的"创新、协调、绿色、开放、共享"的发展理念，是我们前进的基本方向。

"十三五"时期，我国强化水安全保障的重点任务涉及优化水资源配置格局、完善综合防洪减灾体系、加强水资源管理与保护等，提出实施四大水安全保障工程，做好黄河黑山峡河段开发工程前期工作。宁夏十三五规划提出推进智慧水利建设，"加快宁夏智能水网建设，以智能化节水灌溉、水资源智能调度、水利工程智能化控制、水资源三条红线在线监测、山洪灾害预警等系统为重点，实施高速、移动、安全的新一代水利信息化工程，以信息化推动水利现代化。"[1]在关于推动绿色低碳循环发展方面，构建绿色低碳循环产业体系、推进生活方式绿色化、健全资源回收利用体系成为了有力措施。

2. 自然因素

海绵城市建设主要就是对雨水的治理、开发、利用，没有一定量的降雨量，海绵城市建设是很难实现的。就宁夏南部干旱山区较北部引黄灌区而言，有绝对的降雨量优势。从 2006 年至 2014 年，固原市最少年降雨量比宁夏其他地市最多降雨量还多仅 100mm；2013 年固原市降雨量为 706.2mm，为近年来的最大降雨量，占当年广州市降雨量的 31.61%[2]。"2015 年，全市年降水量 378.8～690.3 毫米，各县区与历年同期相比，泾源、彭阳县偏多，其他各县区均偏少。从气象资料分析，以原州区为例，

---

[1]http://www.yjbys.com/bbs/951467.html.
[2]2014 年全国主要城市降雨量中广州市最高，为 2234.0mm。

2015年冬季降水稀少；春季降水偏多，全市第一场透雨出现在3月31日至4月2日；夏季降水偏少，土壤失墒明显，出现不同程度的干旱；秋季降水较历年同期正常略偏多，其中9月降水量达84.5毫米，各地旱情解除。"[①]

3.人文因素

早在2015年1月，财政部、住建部、水利部办公厅联合印发《关于组织申报2015年海绵城市建设试点城市的通知》（财办建〔2015〕4号），全面启动2015年中央财政支持海绵城市建设试点城市申报工作之时，为将此项工作落到实处，宁夏就迅速反应，积极引导各市开展试点城市申报工作，并通过组织召开海绵城市建设试点方案评审会，确定固原市为全区申报海绵城市建设试点城市。在区市两级的通力合作下，固原市于2016年跻身全国试点城市。

4.前车之鉴

2016年7月初的大雨，使得全国许多城市再次"城市看海"。作为2015年就跻身试点城市的武汉市，已然成为人们茶余饭后的谈资之一。早在2013年6月3日，武汉市防汛会议上税务局承诺，利用3年时间，投资130亿元，实现在"日降雨200mm以内、小时降雨50mm以内"，让中心城区在大暴雨时也告别"看海"。时光荏苒，2016年7月，周降雨量为560.5mm的这场"考试"，就让人们开始揶揄"把130亿投到了人工降雨"。

更有群众开始质疑《楚天都市报》的报道："武汉计划从今年6月份开始，每个月都有海绵化项目开工，今年拟开工150个海绵化改造项目。到2030年，中心城区初步建成海绵城市，实现'小雨不积水、大雨不内涝、水体不黑臭、热岛效应有缓解'的目标。"[②]

---

① http://www.nxgy.gov.cn/article/201406/18235.html.
② http://hb.qq.com/a/20160421/018627.htm.

（二）宁夏建设海绵城市的劣势分析

1.制度建设

截至 2016 年 8 月，登录固原市住建局网站，站内搜索"海绵城市"，检索结果仅为两条：一条是 2016 年 4 月的"我市正式入选国家第二批海绵城市建设试点"；另一条是 2015 年 4 月的"固原申报全国海绵城市建设试点"。固原市前后出台了《城市"五线"规划管制办法》《海绵城市建设管理协调联动机制工作方案》等规章与政策制度；聘请国内权威规划设计单位编制完成了《海绵城市专项规划》等相关规划；颁布了《海绵城市规划设计导则》等标准规范。目前（2017 年 5 月），固原市住建局网站不知原因已经无法登陆，且在固原市政府门户网站也无法链接。

与固原同一批跻身海绵城市试点的青岛市于 3 月底就已经出台并发布《关于加快推进海绵城市建设的实施意见》；4 月就已经市政府同意并着手组织实施《青岛市海绵城市专项规划（2016—2030 年)》；同月《青岛市雨水控制与利用工程施工与质量验收技术导则》、5 月《青岛市城市管理局城市区域雨水排放管理暂行规定》等技术导则也已公开发布；6 月《青岛市财政局地下综合管廊及海绵城市建设 PPP 项目运作组织管理办法》等保障型管理办法也配套到位。

2.自然资源

干旱和水位可能是大自然对宁夏建设海绵城市的巨大阻力。南部山区的干旱频率最高，中部区域干旱带次之，引黄灌区干旱率最低；但在不同季节表现差异较大，春季南北发生干旱的频率差异不大，夏秋季中部干旱带发生干旱的频率较高，而在冬季干旱主要发生在南部山区，其频率已达 20% 以上。宁夏北部虽然也干旱少雨，但多年来地下水位平均已达到有 1.46 m[①]，在很多地方还形成了较大的湖泊和沼泽地。同时，宁夏南北降雨

[①]孙根火著：《宁夏银北灌区地下水位变化规律分析》，《安徽农业科学》2012 年第 40 期。

量差异较大，也成为统一进行海绵城市建设的一大不利因素。另外，"2016 年 11 月 1 日至 2017 年 1 月 31 日，全区平均降水量为 1.3 毫米，与往年同期平均降水量 5.5 毫米相比，偏少 81%。"[①]，也不利于宁夏统一进行海绵城市建设。

3.人文因素

提及"海绵城市"一词，宁夏许多人都感觉很新鲜、很陌生，用冠冕一点的词语就叫作"高大上"。对于一些房地产开发企业专业工程人员来说，这个词汇也很陌生。与此同时，与固原共同跻身第二批海绵城市试点的青岛市，在青岛政务网开通在线问政，截至 2017 年 5 月已达 268 条问政信息。其中，涉及信息公开 99 条，政民互动 41 条，要闻动态 66 条，其他 62 条。

事实上，海绵城市建设，一方面是硬件设施配套，还有很重要的一方面就是公众"海绵型"意识的参与。这绝不仅仅是住建部门一家的事情，而是社会大众的公共事项。

4. 摸索探索

海绵城市建设是一个新兴事物，从世界范围来看也就是 20 世纪末才开始。我国的起步更晚，2015 年才开始第一批试点，2015 年和 2016 年两年下来才试点 30 个城市。因而借鉴海绵城市建设成功经验无从谈起，学习海绵城市建设先进经验又有地域差别。除了摸着石头过河，及时总结他地建设经验、汲取他地失误教训，科学规划宁夏这一条道路，别无他选。

四、宁夏海绵城市建设的未来

日前，固原市已公开表示，将"强化组织保障，创新方法，全力推进试点工作，努力实现'小雨不积水、大雨不内涝、水体不黑臭、热岛有缓

---

①新华网，http://www.nx.xinhuanet.com/2017-02/07/c_1120422513.htm.

解'的海绵城市要求，将固原市建设成为黄土高原干旱半干旱地区节水和水资源综合利用的示范区，海绵城市建设与城市更新同步实施的示范区，民族地区共享改革发展成果的示范区。"①如果这一目标能够达成，固原市将成为宁夏建设海绵城市的典范，其先进经验必然要向全区推广。因而，在宁夏建设海绵城市这一过程中，要注意以下几点。

一是要坚持转变思想，提高认识。很长一段时间以来，许多部门、许多人都把雨水治理当作是一种负担。就在全国多地试点海绵城市建设近两年来，还有许多部门或许多人，也还是没能用联系、发展的眼光科学地认识海绵城市建设。实际上，海绵城市建设不仅仅是把雨水治理从过去的末端治理变为源头治理、应对旱涝；海绵城市建设更多的意义上是对"五大发展理念"的具体贯彻落实，引领一种态度、一种思维，其中蕴含着新的经济增长点。

二是要坚持规划引领，科学示范。正如海绵城市的概念所述，要达到对雨水的渗透、汇集、过滤、净化、利用等目标，就需要有一个全区的总体规划设计，这一规划设计应当是跨部门、跨行业、多产业共进、通力合作型，而不是某一部门、某一行业或某一产业的事情。具体来说就是要以海绵城市建设理念引领城市发展，以科学规划引领海绵城市建设，因地制宜确定海绵城市建设目标和具体指标，科学编制并严格实施相关规划，完善技术标准规范。积极打造示范工程，以点带面，全面推开。这种规划引领示范主要涉及人大、住建、规划、水务、园林、绿化、交通、房管、经信、旅游、科研、司法、执法等部门，必要之时可设立非常设机构以促进规划和示范的落地。

三是要坚持因地制宜，统筹推进。如前所述，仅宁夏南北部降雨量就存在较大差异，更不用说径流量、蒸散量等的差异了，因而即便是有了固

①http://www.nxgyzjj.com/?c=News&m=view&id=992.

原市海绵城市建设方面的经验模式，也未必全区适用。所以在进行规划编制时，亦应当区别对待，不同的地市应结合建设成本等众多因素设置不同的目标；无论是各地市的新建房地产项目，还是老旧小区改造，抑或是城市公共设施建设，都应当是在结合各自实际综合考量、充分论证的前提下进行海绵城市相关设备设施建设；对于全区水系、湿地等，亦应当充分考虑其相关参数指标以及所发挥的经济、生态、社会效益，以进一步确定对其进行建设改造的方向与力度。

四是要坚持民生为本，强化保障。从海绵城市的建设方面看，坚持民生为本就是要将改善城乡人居环境、提升水安全保障能力作为海绵城市建设的核心目标，加强源头减排、过程控制、系统治理无缝衔接，提升城市吸水、蓄水、净水、释水功能；从海绵城市建设效益方面看，坚持民生为本还包括其经济效益、社会效益、生态效益、文化效益要惠及最广大群众。所以，一方面要加大资金支持力度，财政部门通过现有渠道统筹安排资金予以支持，并会同城乡建设等部门拟订相关政策措施，积极引导海绵城市建设；另一方面更要创新建设运营模式，在海绵城市建设筹集资金方式上由政府单一渠道向社会多渠道筹资转变，大力推广政府和社会资本合作（PPP）、特许经营等模式。

五是要坚持动态评估，法治保障。海绵城市建设绝不是一劳永逸的事情，第一是在建设阶段，各"点"与"点"之间受因地制宜原则制约，适合一"点"的经验不能简单套用他"点"，进而适合一"线"的经验也不能简单套用他"线"、适合一"面"的经验更不能简单套用他"面"；第二是在维护阶段，由于各"点、线、面"的具体情况不同，所以对海绵城市的"海绵体"进行维护和保养时，也需要区别对待；第三是在效益评价阶段，由于各"点、线、面"建设目标不同，所以评价体系也必然有所差异。综上所述，在不同的阶段，就应当建立与各"点、线、面"相适应的评价体系，并且要进行动态评估。与此同时，要在制度建设、规划设置的基础上，形成相关法律法规体系，具体包括相应的实施指导、技术标准、配套保障等方面。中共十八届四中全会的召开、立法法的修订，已经赋予各设区的市以地方立法权，这对于科学建设海绵城市相关法律法规体系意义重大。

宁夏空气质量研究

王林伶

随着我国工业化、城镇化进程的不断加快，雾霾天气日益增多，空气环境质量逐步下降，对人们的生活和工作构成严重影响。本文从宁夏空气环境质量存在的问题着手分析研究造成天气质量下降的原因出发，提出优化城中区企业空间布局，逐步实施搬迁改造机制；利用清洁能源，发展循环经济；建立生态补偿机制，制定财税补贴激励政策；构建大气污染综合防治体系，建立协同联防合作机制，生态恢复与屏障构建来改善宁夏空气环境质量的对策。

一、宁夏空气质量现状

2015 年是"十二五"的收官之年，也是全面完成"十二五"总量减排约束性指标的决战年。为全面落实主要污染物总量减排工作，宁夏政府分别与 5 市政府、宁东基地管委会签订了 2015 年污染减排目标责任书，明确了各地区、相关部门、企业的减排目标任务。2015 年宁夏安排重点工业减排项目 239 个，农业减排项目 230 个，为强化重点污染源监督管理，在

作者简介：王林伶，宁夏社会科学院综合经济研究所助理研究员，研究方向为开放型经济、区域经济学、可持续发展等。

全区筛选了 170 家污染负荷较大的企业，纳入自治区重点监控企业名单。共排查企业 5678 家，发现环境问题 2654 个，完成整改 1962 个，立案查处违法问题 369 个，移送公安机关 14 件，罚款 1723.72 万元，查处漏缴排污费 4800 万元。同时，加大资金投入，完善政策激励约束机制，出台了《自治区"十二五"污染减排奖励资金管理办法》，安排并及时兑现污染减排"以奖代补"专项资金 4000 万元。

2015 年，经国家核查核算确定，宁夏四项主要污染物总量减排核查均在国家下达的污染减排目标任务范围之内，化学需氧量排放量 21.10 万吨，氨氮排放量 1.62 万吨，二氧化硫排放量 35.76 万吨，氮氧化物排放量 36.76 万吨，这标志着宁夏"十二五"及 2015 年度主要污染物总量减排工作任务圆满完成。

2015 年全区治理污染保护空气环境质量的过程中制订了重点以结构减排、治车、治煤、治尘、治水为主要目标的专项整治方案，通过综合治理使得空气环境质量有了较好的改善。

一是加大全区结构减排力度，对全区铜冶炼、铅冶炼、味精、造纸及皮革等行业落后工艺进行了淘汰，关停金属镁生产线 1 条、碳化硅生产线 2 条、拆除造纸蒸球 22 台；淘汰铁合金 7.4 万吨，铅冶炼 6 万吨，水泥熟料 73 万吨，造纸 3.4 万吨，制革 13.5 万张。2015 年，全区火电企业累计完成脱硫、脱硝设施建设占到火电装机总规模的 99.4% 和 96.2%。水泥行业 21 条生产线全部完成低氮燃烧改造或脱硝工程建设，处在全国前列。

二是在治理车辆方面，2015 年，共淘汰黄标车 42714 辆，其中淘汰 2005 年年底以前注册的营运类黄标车 27218 辆。

三是在加强城市扬尘管理方面，全区设置建筑工地高标准围挡约 1.5 万余米，90% 以上的工地出入口安装标准化冲洗设备，硬化道路约 1.6 万余平方米，城市主干道机械化清扫率达到 60%。

四是在治煤方面，关停燃煤锅炉 4 台，淘汰焦炭产能 50 万吨，淘汰燃煤茶浴炉 861 台（1863.58 蒸吨）。为加快淘汰落后产能，对全区 1123 家餐饮娱乐企业进行油烟综合治理，并打造了"环保餐饮示范街"。

五是在治理水环境方面，全区共有城镇污水处理厂 34 座，污水处理能力达到 109.5 万吨 / 日，城市污水处理率达到 85% 以上。有 11 个工业园区建设了污水处理设施，污水处理能力达 31.75 万吨 / 日。

2015 年，宁夏各级环保部门树立"优美环境是宁夏最大的优势"，大力实施生态优先发展战略，全力推进"三项环保行动计划"落实，积极推动"美丽宁夏"建设，圆满完成了各项目标任务。

按照新的《环境空气质量标准》（GB3095–2012）评价，2015 年，宁夏 5 个地级市达标天数（优良天数）比例范围为 62.5% ~ 89.0%，平均达标天数比例为 73.9%，其中优等天数占 7.2%、良好天数占 66.8%、轻度污染天数占 19.3%、中度污染天数占 4.0%、重度污染天数占 2.1%、严重污染天数占 0.6%。在超标天数中以 PM10 和 PM2.5 为首的污染物天数分别占 44.4%、38.1%

2014 年，宁夏共出现沙尘天气 6 次，其中浮尘 4 次、扬沙 2 次；与 2013 年相比，沙尘天气减少了 2 次。2015 年，宁夏共出现沙尘天气 5 次，其中浮尘 4 次、扬沙 1 次；虽然沙尘天气减少了 1 次，但是污染的范围明显增强和增大了，全区受扬沙天气影响人口约 475.45 万人，占总人口的 71.9%。

二、宁夏五市空气治理情况

宁夏五市积极作为，在治理空气环境质量上取得了实效。银川市为打造"碧水蓝天、明媚银川"生态宜居品牌，制订了 2015 年度蓝天工程实施方案。2015 年是石嘴山市启动实施大气污染防治"三年行动计划"第一年，列出了涉及燃煤工业锅炉淘汰、工业二氧化硫和氮氧化物及烟粉尘治理、落后产能淘汰、煤炭清洁利用、重点行业清洁生产、能力建设等 8 大类重点工程项目。吴忠市实施了"环境保护三项行动计划"《吴忠市环境保护行动计划》《吴忠市大气污染防治行动计划》《宁东基地（太阳山地区）环境保护行动计划》。固原市环保局开展了环境保护大检查工作，先后对固原市经济开发区、轻工业园区、圆德慈善工业园、盐化工工业园、原州区清水河工业园区及原州区各乡镇重点企业进行全面排查和核查，核查各类污染源 76 家，对存在环境污染问题的相关企业（单位）进行了约谈，发出责令改正违法行为决定书 51 份，行政处罚 2 家。中卫市坚持问题导向，"突出一个全面"，"盯住一个重点"，建立了"8+2+1"系统治理机制，即建立政府领导责任体系、产业规划体系、企业主体责任体系、部门监管体系、人大依法监督和政协民主监督体系、工业园区协同体系、第三方环保技术支持体系、媒体和社会舆论监督体系以及责任倒查机制、生态环境损害终身追究制和社会公众（包括媒体）的环境污染举报奖励办法等严厉的措施治理中卫市环境保护工作。

宁夏五市通过在环境空气治理上的积极作为，采取各样措施来降低污染物排放，确保实现年度目标任务，在空气质量治理上收到了良好的成效。

三、宁夏环境空气质量面临的挑战与问题

"十二五"末，宁夏将处于工业化和城市化快速发展阶段，经济结构调整和经济发展方式的根本转变还需要较长时间，环境问题日趋复杂，环境形势不容乐观。

（一）面临持续污染物减排，任务加大的问题

"十二五"末，宁夏的 GDP 将保持在 7%～8%的增长率，要高于全国且要走在西部的前列目标，经济社会要保持快速发展就会消耗大量资源和能源，污染物的排放量自然会增加，要完成主要污染物总量减排任务压力较大。

（二）调整能源消费结构与保障环境安全的任务艰巨

宁夏作为典型的资源型地区，尤其是沿黄四市，经济增长过多地依赖

能源化工产业和以煤为主的能源消费结构，且多地都为高能耗、高污染的重工业产业，对调结构，转方式，治污染，保环境的压力十分艰巨。"十二五"末，将宁东基地建设成为大型煤炭基地、火电基地与煤化工产业基地，发展以煤制烯烃（310 万吨／年）、煤制油（400 万吨／年）、煤制化肥为代表的煤化工项目及以工程塑料、聚氨酯和精细化工产品为代表的石油化工项目。宁东基地煤炭年生产能力达到 1 亿吨，淘汰落后产能、能耗指标达标压力巨大。

（三）影响环境空气质量的问题不断出现

随着宁夏城市化进程的加快，城市拆迁综合治理、机动车逐日增加、噪声污染、土地污染、水体污染、生态失衡、雾霾天气逐年增多等一系列城市环境问题呈不断加剧之势；在消费转型更新中，废旧家用电器、报废汽车轮胎等回收和安全处置的任务十分繁重；农业和农村现代化进程加快的同时，农业面源污染、农村污水垃圾、畜禽养殖污染等，防范重大环境污染与突发性事件，保障环境安全的任务将更加艰巨。中卫市"9.6 环保问题"发生以后，如何正确对待和处理发展过程中积累下来复杂的环保问题与大量的污染源现场排查整治工作迫在眉睫。

（四）周边生态环境与季节性污染治理艰难

宁夏被腾格里沙漠、乌兰布和沙漠、毛乌素沙漠包围，荒漠化土地面积 278.9 万公顷，占全区总面积的 53.68%。"沙漠围城"是前些年对宁夏的真实写照。干旱缺水，空气污染呈现季节性变化规律，每年 11 月到次年的 5 月可吸入颗粒物 PM10 浓度较高，主要受冬季采暖期燃煤、春冬季沙尘和雾霾天气发生频次较高因素影响。尤其是 2015 年 11 月银川市多次持续出现雾霾天气，二氧化硫、二氧化氮及可吸入颗粒物浓度与同期相比均有明显上升。同时，石嘴山市、银川市周边的乌海市、上海庙工业园区等都是以煤化工为主的能源消费结构，以高能耗、高排放的项目为主，空气污染由单一型向复合型污染发展，许多新的环境问题将不断出现，环境风险日益加剧。

（五）空气质量在西北五省首府排名靠前，但存在被赶超的风险

2015年，全国空气质量综合指数统计表明，在74个城市中，空气质量相对较好的10个城市（从第1名到第10名）为海口、厦门、惠州、舟山、拉萨、福州、深圳、昆明、珠海和丽水，空气质量相对较差的10个城市（从第74名到第65名）为保定、邢台、衡水、唐山、郑州、济南、邯郸、石家庄、廊坊和沈阳。宁夏没有一个城市进入前10名，这表明在宁夏的空气质量治理上还需努力。

按照新《环境空气质量标准》（GB3095-2012）评价，2013年、2014年、2015年，首府银川市环境空气质量优良天数分别为252天、274天和259天，2015年较上年度减少了15天。如2013年在西北五省首府城市中银川市只在3月、6月、7月、8月4次排名第一，而兰州市也4次排名第一；在全国74个城市排名中银川市只有7、8月两次进入前10名，而兰州市在9、12月也两次进入全国前10名，存在被赶超局面。

四、改善宁夏环境空气质量的建议

（一）优化城中区企业空间布局，逐步实施搬迁改造机制

1. 实施污染企业搬迁改造机制

以《宁夏空间规划》为指导，明确城市功能分区，进行生态环保区、工业区、居住区、适宜建设区、限制建设区和禁止建设区的功能区划分。建立城中区污染企业调出、迁出机制，如银川市的银川佳通轮胎公司、中石油天然气股份有限公司宁夏石化分公司（宁夏化工厂）、启元药业等；这些企业都位于城中区，有大型的化工装置，周围均为居民住宅区，既有安全上的隐患，又有环境上的污染，应尽快将不适宜在城中区发展的污染物企业全部迁出到相关的园区。贺兰县与永宁县的部分重工业与轻工业都在一个园区，带来了相互交叉污染，而且园区又接近住宅区，应实施相应

规划将重工业全部搬迁至远离居民区的园区。在产业布局上，银川市污染源不宜设置在北偏西的上风方向，应引起重视，如宁夏赛马水泥有限公司就处于上风位置，随着城市外围的不断延伸，已经接近居民住宅区了。同时，在城市建设布局上，要充分考虑要有"通风走廊"便于空气的流通与扩散，形成"井字状"；还要考虑到城市化的扩建会接近污染源，工业园区的设置也要离中心城市更远一些。

2. 资金扶持措施

企业搬迁所需资金可以考虑实行中央、地方和企业三家共同来承担，一是石嘴山市、银川市西夏区在《全国老工业基地调整改造规划（2013—2022)》的范围之内，中央财政可以承担企业搬迁 1/3 的资金；二是地方政府将原企业清腾出的土地收益全额返还给企业，或者地方政府可以在企业新建厂区的用地方面进行减免、在企业融资方面给予优惠与倾斜；三是其余资金缺口有企业承担。另外，政府还应制定不在老工业基地调整改造规划范围内的企业如何搬迁和补偿的政策措施。

（二）利用清洁能源，发展循环经济

1. 采用"光伏屋顶型"并网发电与太阳能"热水一体化"系统

以国家新能源综合示范区建设为重点，依托宁夏单晶硅、多晶硅等企业发展光伏、风能并网发电等新能源产业，光伏因地制宜加快大型风电场建设，引导风电产业规模开发；积极发展建筑一体化分布式光伏并网发电、自发自用的屋顶光伏发电工程，让新能源走进学校、走进家庭、走进车间，不但可以解决冬季供暖，还可将剩余电量并网创收。宁夏五市住宅小区和办公区都可以采用"光伏屋顶型"并网发电系统，光伏电与供电部门配送的电没有区别，光伏供电系统由一块配电装置调控，在光伏并网发电后可以确保用户优先使用光伏电，多余的电量可以并网。而当天气不好时系统自动切换到供电部门输送的电网中，能够确保用户用电正常。若采用 8 块光伏组件面积约为 18 平方米，系统安装总功率为 2KWp，选用

250W，设计寿命 25 年，需要投入成本 2 万多元；组件每年能发电 3600 度，按银川市现行电价 0.448 元 / 度计算，每年就可节省 1612 元。现在国家鼓励使用清洁能源，用户每使用一度太阳能光伏发电可得到国家 0.42 元的补贴，推广使用"光伏屋顶型"绿色能源，一方面，利用了顶层空间面积又为顶层用户起到了夏季隔热和冬季保温的功能；另一方面，既减少了火力发电对能源的消耗，又减少了环境污染和治理环境污染的支出。

2. 采用天然气供热与热电联产

冬季宁夏主要受采暖期燃煤的影响空气质量较差，建议：一是在宁夏五个地级市首先实施供热规划，推进工业、产业园区集中供热供汽，新建工业园区必须配套建设统一的供热、供蒸汽管网，实施"一区一热源"，不得新建 20 吨以下燃煤小锅炉。二是宁夏五市的发电厂均要采用热电联产方式进行供热和发电，在城市新建区域应建立天然气热电厂，特别是发展分布式的热、电、冷联产，包括新建的银川市生活垃圾焚烧发电项目，传统集中发电厂的发电效率一般为 30% ~ 47%，而热电联产可以同时为某一负荷区域提供电能和热能，通过余热回收技术，其能源的综合利用效率可以达到 80% 以上，热电联产对提高能源利用率，减少环境污染有积极作用。

3. 绿色出行与园区循环体系

积极发展公共交通，鼓励政府公务车、私家车、中小型货运车辆和城际大巴采用"油改气"或双燃料车，在全区的县镇建立相配套的加气站；对宁夏现有园区企业进行生态化改造，强制推行企业清洁生产，形成企业内部小循环体系；并要不断延伸产业链，形成以产品配套、废物利用为核心的园区内部中循环体系；因布局合理而形成全市范围内各区域间互为支撑的产业大循环体系。同时，大力发展循环型农业，提高秸秆还田利用水平，禁止焚烧污染空气。

（三）推进结构转型，制定补贴激励政策

30 多年来，我国走的多是先发展后治理、"重 GDP 轻治污"的路径，而现在处在国际国内环境污染双重压力下，虽然采取了压减煤耗、淘汰落后产能、产业升级等措施，但也不可能"一招制胜"，毕竟积累几十年的环境账，因此，今后环境的治理就是一个长期持久的过程。

1.调整产业结构，提高技术标准

一是推进产业转型升级、提高淘汰标准、化解产能过剩、降低产业能耗，宁夏要重点对水泥、铁合金、有色金属冶炼、酒精、淀粉等行业中不符合产业政策的予以关停淘汰。同时，要转向发展太阳能、风能、水能、生物能等清洁能源上；在重化工产业上要不断提高治理污染的标准，通过不断提高技术水平，延长产业链，达到各个产业链之间相互衔接，互为原料，减少成本，降低运输，减少排污，减少污染，最后达到"吃干榨尽"的地步。二是按照"要金山银山，也要青山绿水"从源头把关、全过程监管的思路，要从突击性的督查，变为经常性的检查，防止虽然安装除尘设备却不用的现象、防止供暖企业夜间使用高污染的煤造成空气污染。三是监测站要按要求开展监测，为环境监察、监管提供有力的数据，作为执法的重要依据，做到监察到位，严格依法执法。四是需要有大量的、长时间的多方协同作战才能实现，不要"一任市长一张蓝图"，要"全市、全区一盘棋"共同治理改善空气质量。

2.建立生态补偿机制，制定财税补贴激励政策

2017年10月，党的十九大报告提出："加快生态文明体制改革，建设美丽中国，推进绿色发展，建立市场化多元化生态补偿机制"。对企业发展循环经济、使用清洁能源、开展绿色生产、延伸产业链等制定相关补贴激励政策，经考核认证后可以在税收、土地、金融信贷等方面给予减免与优惠；可采取"以奖代补""以奖促防""以奖促治"等方式。

位于固原市境内的宁夏六盘山重点生态功能区内景色怡人。由于其独特的地理位置和强大的生态系统以及涵养水源功能，六盘山国家自然保护区被誉为黄土高原上的"绿色明珠"。"但六盘山区生态承载力还很弱，

水资源短缺、水土流失相对严重，生态保护与建设的任务还十分艰巨；固原市又属老少边穷地区，地方财力薄弱，需要国家加大扶持力度。因此建议，国家将宁夏六盘山生态功能区保护与建设项目纳入国家"十三五"规划予以重点支持，加快建立生态补偿机制，切实加大对六盘山重点生态功能区的保护与建设，不断改善六盘山区的生态环境和群众生产生活条件，进一步加大生态环境建设治理力度，使六盘山片区森林覆盖率达到40%以上，每年天然地表水资源由现在的5.17亿立方米增加到6.2亿立米。要推进六盘山生态补偿试验区建设，对固原市建立重点生态功能区给予全额资金支持，从而让这颗"绿色明珠"熠熠生辉。

（四）建立空气质量联防联控机制，构建大气污染综合防治体系

污染物排放是会流动的，治理污染一个部门、一个城市无法独善其身，需要合力治理，多方应对，尤其各地环保和公安机关要建立完善制度与合作机制，环保部门要做到有案必查、违法必究，查处到位、执行到位，对达到移送条件的案件，必须移送公安机关，做到绝不姑息，避免以罚代刑，死灰复燃继续污染的后果，但执行罚款时应该实行上不封顶，让违法者付出高额的代价。污染形成非一日之积，清除雾霾也不可能一蹴而就，从浑浊到清新，需要一个社会的普遍觉醒，更需要体制机制与执行力的落实；制度的生命在于落实与行动，要实现清新空气，环境保护不能松、不能停，应认识到这是一场事关未来的攻坚战，是一个长期艰辛的治理过程。

1. 建立协同联防合作机制

一是宁夏五市应联合多部门制订并出台重污染与雾霾应急预案，包括健康防护措施、建议性污染减排措施和强制性污染停产与减排措施。二是在宁夏建立以火电、水泥建材、燃煤锅炉、化工等为重点行业的大气污染联防联控机制。三是加强与陕西、甘肃、内蒙古等兄弟城市的合作，建立大气污染协同联防联控机制，形成协商交流、污染防治、应急监测和响应

联动机制，共同推进区域大气环境质量的改善。

2. 生态恢复与屏障构建

宁夏的东、西、北三面分别被毛乌素、腾格里、乌兰布和三大沙漠包围，宁夏空气质量出现"五级"重度污染与"四级"中度污染主要是受扬沙和浮尘天气的影响。国务院明确提出，支持将宁夏建设成全国防沙治沙综合示范区。因此建议，一是加大对宁夏的支持力度，给予宁夏重点扶持，加大贴息贷款规模，力争达到 6 亿元以上。将吴忠市红寺堡区列入全国防沙治沙综合示范县（区），提升宁夏防沙治沙建设水平。宁夏要大力植树造林，推进"沙地染绿、山区绿屏、平原绿网、城市绿景"构建生态屏障建设，努力将宁夏建成全国防沙治沙综合示范区，从而构筑起祖国西部重要的生态安全屏障。二是宁夏与周边省市要联合治理，共同攻关，建设西北防风防沙防污染生态屏障，共同向国家申请西北五省区生态环境恢复与治理专项资金支持，建设西北防风防沙防污染生态屏障，联合起来一起治理空气污染和风沙治理。

建设美丽宁夏实现路径研究

李文庆

美丽宁夏建设的目标，就是要把生态文明建设的理念、原则、方法融入经济发展、环境保护、人文建设的全过程和各个方面，最终实现人与自然的和谐发展，开启宁夏经济社会与生态文明建设和谐发展的新时代。

一、美丽宁夏建设的内涵

党的十九大报告指出，坚持对自然和谐发展，加快生态文明体制改革，建设美丽中国。自治区第十二次党代会提出，大力实施生态立区战略，打造西部地区生态文明建设先行区，为"美丽中国"建设作出应有贡献，为实现经济繁荣、民族团结、环境优美、人民富裕，与全国同步建成全面小康社会目标而奋斗。

生态文明是人类为保护和建设美好生态环境而取得的物质成果、精神成果和制度成果的总和，是一种人与自然、环境与经济、人与社会和谐相处的社会形态，是贯穿于经济建设、政治建设、文化建设、社会建设全过程和各个方面的系统工程。生态文明是一种积极的、可持续发展的文明，

作者简介：李文庆，宁夏社会科学院农村经济研究所所长，研究员。

它要求人类摒弃狭隘的人类中心主义，在开发和利用自然的同时尊重自然、关心自然，选择一条既能获得经济的可持续增长，又能保持生态平衡、资源持续利用的新型发展之路，从而使人类文明进入一个与自然和谐共生的新高度。

建设美丽宁夏，就是要保护天蓝、地绿、水清的生态环境，美丽宁夏建设要体现出自然生态之美、科学发展之美、民主法治之美、和谐幸福之美和民族团结之美。

（一）美丽宁夏注重生态文明的自然之美

近年来，宁夏生态文明建设取得了重大进步，但与全国相比特别是与东部发达地区、南方生态条件较好省区相比，还有一定的差距。从生态文明建设来看，要达到美丽宁夏的要求，就要妥善解决人类与自然的关系，自然生态文明是美丽宁夏的根本特征。美丽宁夏就是要体现出美在山川秀美，美在绿化，美在人类与自然和谐。发展生态文明是实现美丽宁夏的重要保证，建设美丽宁夏不仅需要我们每一个人从自己做起，也需要全社会形成注重生态文明建设的思想，使生态环境可持续改善。

（二）美丽宁夏体现科学发展的和谐之美

从经济建设来看，要达到美丽宁夏的要求，就要努力实现经济效益、社会效益和生态效益的协调发展，三大效益的协调发展是形成物质文明的科学发展之美，物质文明又是解决人民根本的生存问题，科学发展的物质文明是美丽宁夏的物质基础。美丽宁夏建设中，经济建设是"美"的根本，生态建设是"美"的基础。科学发展之美在于新型工业化、信息化、城镇化、农业现代化全面推进，科技贡献率显著提高，城乡差别、工农差别、区域差别进一步缩小，经济建设实现全面协调可持续发展，生态环境得到改善，为全面建成小康社会奠定扎实基础。

（三）美丽宁夏展现温暖感人的人文之美

要达到美丽宁夏的要求，就要解决人与社会的关系，力求经济增长、政治稳定、环境友好与社会发展的步调协调。和谐幸福的社会生活是人民所向往的，是美丽宁夏的落脚点和最终归宿。社会生态化形成社会文明的和谐幸福之美，是"美"的具体表现之一，体现为各种积极肯定的生活形象和审美形态，是社会实践的直接体现。美丽宁夏中的社会建设就是建设宁夏人民和谐幸福的生活，把人民向往的和谐幸福之美建设成为宁夏人民满意的工作、完善的社会保障、舒适的生活条件和环境，并且将人民向往的和谐幸福之美作为各级政府的奋斗目标。

二、美丽宁夏建设的现状分析

（一）宁夏生态环境现状

宁夏位于黄河中上游，总面积 6.64 万平方公里。地处我国东部季风区与西北干旱区的过渡地带，全区 86%的地区年降水量在 300 毫米以下，其地貌特征和自然地理分区大体可以分为山、沙、川三种类型，大陆性气候影响较大，缺林少绿。宁夏南部山区沟壑纵横、水土流失严重；中部沙区干旱少雨、风大沙多，沙质荒漠化面积达 1.65 万平方公里，占全区总面积的 32%；北部引黄灌区沙化、盐碱化问题突出。宁夏生态环境十分脆弱，加之一些不合理活动，如草原滥垦、过牧、森林乱伐等，引发草地退化、土地沙化、水土流失等生态破坏问题，使得人与生态环境的矛盾尖锐突出。

1. 宁夏生态环境质量

2015 年，宁夏生态环境质量指数（EI）值为 46.19，较 2014 年度（46.38）下降了 0.19。根据《生态环境状况评价技术规范》中的生态环境状况分级标准，宁夏生态环境质量级别为"一般"，全区"植被覆盖率中等，生物多样性处一般水平，较适合人类生存，但有不适合人类生存的制约性因子出现"。

2. 宁夏黄河干流水环境质量

2015 年，黄河干流宁夏段良好以上水质断面达 100%，其中Ⅱ类、Ⅲ

类水质断面比例均为 50%，Ⅱ类水质断面比例降低 16.7 个百分点；与上年相比，高锰酸钾指数、氨氮平均浓度分别下降 11.1 个百分点和 20.7 个百分点，总磷、挥发酚平均浓度分别上升 12.5 个百分点和 16.7 个百分点。

3. 宁夏城市大气环境质量

2015 年，按照《环境空气质量标准》评价，全区 5 个地级市达标天数（优良天数）比例范围为 62.5%～89.0%，平均达标天数比例为 73.9%；轻度、中度、重度和严重污染天数比例分别为 19.3%、4.1%、2.1%、0.6%。超标天数中以 PM10 为首要污染物的天数最多，占 44.4%；其次是 PM2.5，占 38.1%。

4. 主要污染物排放情况

2015 年，全区化学需氧量和氨氮排放总量分别为 21.10 万吨和 1.62 万吨，与 2014 年相比分别下降 4.01% 和 2.37%；二氧化硫和氮氧化物排放总量分别为 35.76 万吨和 36.76 万吨，与 2014 年相比分别下降 5.16% 和 9.01%，四项主要污染物均超额完成国家下达的年度减排目标任务。

5. 沙尘天气影响环境空气质量

2015 年，全区共出现沙尘天气 5 次，其中浮尘（一级沙尘天气）4 次、扬沙（二级沙尘天气）1 次。与上年相比，首次沙尘天气发生时间提前了 9 天，沙尘天气频次减少 1 次。本年度受沙尘天气影响严重的为银川市、石嘴山市、吴忠市；轻微影响的为中卫市和固原市，全区受沙尘天气影响人口约 475.45 万人，占总人口的 71.9%。

（二）美丽宁夏建设取得的成效

多年来，宁夏回族自治区党委、政府高度重视生态文明建设，提出"抓生态建设就是抓发展""加强生态建设是落实科学发展观的具体体现"的重要理念，特别是自治区党委十一届三次全会，提出建设美丽宁夏的宏伟目标，既是落实"美丽中国"的重要组成部分，也必将推动宁夏经济社会与生态环境的和谐发展。

1. 突出抓好"生态移民"工程

宁夏中南部地区生态环境脆弱，大部分地区不适宜人类生存。由于不断增加的人口与有限的耕地之间矛盾突出，加上粗放的生产经营方式，导致原本就非常脆弱的生态环境进一步恶化。从 20 世纪 80 年代开始，宁夏先后组织实施了引黄灌区吊庄移民、"1236"、异地移民搬迁、中部干旱带县内生态扶贫以及精准扶贫等工程，累计移民 96.33 万人，其中县外搬迁 62.5 万人，县内搬迁 16.08 万人。"十二五"期间，宁夏共投资 105.8 亿元用于生态环境改善，极大地改善了生态承载能力，有效改善了民生，从根本上解决了山川发展不平衡、不协调、不可持续的问题。

2. 突出抓好退耕还林还草工程

2003 年 5 月，宁夏在全国率先实施全境封山禁牧，扎实推进退耕还林还草工程，使全区天然植被得到有效恢复，植被覆盖率大幅度提高，因土地沙化和水土流失所造成的自然灾害明显降低。宁夏将退耕还林还草工程与小流域综合治理、生态林业工程、农田基本建设、扶贫开发与少生快富等工程有机结合，改善生态环境，提高了农业综合生产能力，促进了贫困地区特色优势产业的发展，维护了贫困地区社会稳定。

3. 突出抓好节能减排工作

宁夏以发展循环经济为突破口，以重点领域节能减排为着力点，认真贯彻落实国家节能减排"十大铁律"，大力实施重点节能减排工程，积极推广节能减排新技术、新工艺，加快发展新能源产业，节能减排工作取得显著成效，先后淘汰了小火电、小煤矿、水泥、造纸以及一批铅冶炼、原油脱水厂、味精、洗煤、黏土砖、碳素、活性炭等行业落后生产能力。

4. 突出抓好生态林业工程

宁夏各级林业部门牢固树立尊重自然、顺应自然、保护自然的生态文明理念，积极转变林业发展方式，大力推进生态林业发展，重点建设以六盘山、贺兰山、中部防沙治沙和宁夏平原为骨架的"两屏两带"生态安全屏障，深入实施生态林业工程。宁夏在全国率先以省一级为单位全面实行禁牧封育，并采取工程措施和生物措施相结合的举措来加强荒漠化防治。为实现治沙利益的最大化，吸引社会力量防沙治沙，宁夏通过政策机制引导，形成了多元化的治沙主体，是全国最早实现人进沙退的省区。

5. 大力实施湿地修复工程

宁夏湿地可划分为 4 大类 14 个类型，全区湿地面积 20.67 万公顷，占全区土地总面积的 5.3%，高出全国平均水平 1.6 个百分点。宁夏共建立湿地类型自然保护区 4 处，其中国家级自然保护区 1 处，为哈巴湖国家级自然保护区；自治区级自然保护区 3 处，分别为沙湖、青铜峡库区和西吉震湖自然保护区。国家湿地公园 2 处，分别为石嘴山星海湖国家湿地公园和银川国家湿地公园（包括银川阅海湿地公园、银川鸣翠湖湿地公园两个园区）。建立国家湿地公园试点 5 处，分别是黄沙古渡、吴忠黄河、青铜峡鸟岛、天湖、清水河。

三、美丽宁夏建设的主要任务和重点工程

（一）美丽宁夏建设的主要任务

1. 建设我国西部生态文明示范区

按照把宁夏当作一个城市来规划建设的思路，制订《宁夏空间发展战略规划》，把区域功能、城市带、铁路公路轴线以及产业布局、生态保护红线等科学规划好，按照规划搞好沿黄城市带、村镇、道路、工业园区、景观等的建设，建设美丽的新宁夏，形成以沿黄经济区为经济核心区、以中南部地区为生态核心区的新格局，将宁夏建设成为我国西部生态文明示范区。

2. 大力实施产业结构调整

结合宁夏工业转型升级和结构调整，明确现有各个区域、园区的产业功能定位和产业准入，加快现有产业结构升级。采用土地置换、政府补助

等手段逐步将污染企业搬离市区，推动其向工业园区集中，减少市区环境污染，腾出空间和环境容量，扭转城市资源能源消耗过多、环境压力趋增的产业格局。

3. 强化生态环境保护

按照主体功能区定位，突出生态环境保护，优化开发区域，控制建设用地增长，以"蓝天工程"、水污染防治等工程为抓手，强化水土资源和大气环境治理、自然生态空间修复等。城镇空间要着重加强生产、生活污水和垃圾的无害化处理，农业空间重点加强面源污染控制和土壤污染的治理，生态空间主要减轻生产、生活对生态环境的压力。

4. 划定生态红线区域

结合《宁夏回族自治区主体功能区规划》的实施，在全面分析和把握宁夏自然生态本底和特点的基础上，尽快明确宁夏生态红线区域的类型、范围、管控措施、责任主体和监管体制，建立生态红线区域保护清单和行业准入负面清单。

5. 积极推进城乡一体化

推进和加快基础设施建设，推动城市基础设施向农村延伸、公共服务向农村覆盖、现代文明向农村辐射。拆建城中村，改造老旧小区，探索老旧小区物业管理模式，着手建立长效管理机制。

（二）美丽宁夏建设的重点工程

美丽宁夏建设是一个长期任务，是一项复杂的系统工程，要以"五化"建设为中心，实施一批重点工程，推进美丽宁夏建设。

1. 建设"绿色宁夏"

以建设生态示范区为目标，以造林绿化为重点，努力提高生态空间比重，改造生态空间质量，构建黄河及小流域沿岸、农田、铁路、干线公路绿化带，大力建设三北防护林，构建生态屏障网络格局，增强生态服务功能，保障区域生态安全。坚持生态建设产业化，坚持增绿增收并重、造林造景并举、绿化美化并行，依托国家实施的退耕还林、三北防护林、天然林保护等重点林业工程，加快造林绿化步伐，大幅提高森林覆盖率。

2.建设"净化宁夏"

坚持经济发展与环境保护协调发展、节能减排与环保设施同步推进，大力发展循环经济，实施蓝天碧水扩容提质工程，努力为山川各地创造一个清洁的环境。实施节能减排工程，确保完成化学需氧量、氨氮、二氧化硫、氮氧化物、烟尘和粉尘排放总量控制任务。强化结构减排，从源头控制污染物排放，促进重点产业的结构调整，加大淘汰落后产能产能力度。

3.建设"健康宁夏"

树立"以健康为中心"的理念，改善城乡生态环境，不断提高人民群众的生活质量和健康水平。实施城乡环境治理工程，改善大气环境质量，在城市推行"绿色清洁施工"，控制扬尘污染和机动车尾气排放，全面提升空气质量。推进城中村环境综合治理工程，大力改善城乡结合部环境质量。实施"美丽乡村"建设，加强农村环境保护，着力解决农村安全饮水、清洁能源、卫生公厕、污水和垃圾处理等问题，不断改善农村人居环境。倡导健康的生活方式，开展健康教育和促进工程，倡导健康文明的低碳生活方式，形成良好的饮食、健身和心理习惯。

四、美丽宁夏建设的实施路径

（一）优化国土空间布局

宁夏坚持全面推进沿黄经济区发展和中南部地区扶贫开发，坚持生态文明、环保优先理念，统筹宁夏山川城乡协调发展、绿色发展，通过编制空间发展战略规划，构建"一主三副，核心带动；两带两轴，统筹城乡；山河为脉，保护生态"的总体空间布局，按照全区一盘棋的思路，形成"都市区、副中心城市、县城、重点镇、中心村"配置合理的城镇体系，打造向西开放的空间布局。通过优化国土空间布局，集约利用土地资源，积极实施水资源保护，合理开发利用矿产资源，构建起科学合理的城镇化格局、经济发展格局和生态安全格局。

（二）推进城市生态化建设

城市是以人类社会进步为目的的一个集约人口、资源、环境的空间地域系统，是一个融经济、政治、文化、社会和生态发展为一体的综合有机体，集中了一个地区最先进、最重要的部分，代表着一个地区国民经济的发展水平和方向。宁夏要实现城市生态化建设，必须坚持"绿色、低碳、洁净、健康"的发展理念，加快构建资源节约、环境友好的生产方式和生活方式，努力建设现代化、生态化的美丽城市。

（三）加强工业领域生态环境建设

发展循环经济，走新型工业化道路是我国经济转型升级的主要路径选择，宁夏天然具有生态脆弱的特点，且与东部发达省区经济发展水平相比存在事实上的差距，因此，宁夏区情决定了经济社会发展在实施追赶战略的同时，必须要强化节能减排，大力发展循环经济。

（四）大力推进"美丽乡村"建设

宁夏被列为国家农村环境连片整治试点示范省区，40%以上的农村人居环境得到了极大改善。农村环境连片整治的目标为示范区域的农村环境污染治理设施趋于完善，污染物排放量有效削减，农村环境质量明显改善，农村环境管理机制逐步健全。

（五）加强环境保护综合整治

宁夏产业结构以煤基工业为基础，重化工业为特征，改善空气环境压力较大。经过多年努力，基本消除重污染天气，全区空气优良天数逐年提高，重点区域空气环境质量明显改善。大气污染治理要严格环境准入条件和煤炭能源消费目标管理，实施二氧化硫、氮氧化物、烟粉尘、扬尘、挥发性有机污染物等多污染物协同控制，工业点源、移动源、面源等多污染源综合治理，削减大气污染物排放量，改善区域环境空气质量。

五、美丽宁夏建设的保障措施

由于生态环境建设涉及方方面面，包括环保、气象、林业、水利、经信、农牧、扶贫、城建以及发改、统计等部门，涉及监测、监督、保护、建设及防灾减灾等领域。在美丽宁夏及生态文明建设中存在部门资源"碎片化"问题，在美丽宁夏建设中必须想办法形成合力，为美丽宁夏建设提供强有力的保障。

（一）设立跨部门的生态环境协调机构

由于生态文明建设涉及多个部门，各个部门所涉及的领域不同，缺乏有效地领导和协调，建议加快顶层设计步伐，设立由自治区党委政府主管领导牵头、跨部门的自治区级生态文明建设决策协调机构，统筹协调美丽宁夏及生态文明建设中出现的问题，推进部门资源整合，加快美丽宁夏建设步伐。

（二）建立资源环境承载力监测预警制度

自然资源、生态环境为发展提供必要的支撑，是任何技术都无法替代的基础，经济发展总是伴随着土地、矿产、能源、水等资源的大量消耗，经济的快速发展也导致资源保障和生态环境保护面临严峻的挑战，资源短缺、水污染严重、水生态环境恶化等问题日益突出。应建立资源环境承载力监测预警制度，对全区各地资源承载力和大气污染扩散能力进行科学评估，促进生态环境的保护。

（三）加强和改进宁夏地方生态环境立法

加强和改进宁夏生态环境立法工作，既是完善中国特色社会主义法律体系的必然选择，也是推动法治宁夏建设的重要基础，更是全面建设美丽宁夏的历史选择。美丽宁夏建设是一项复杂的系统工程，不仅要靠政府的行政手段和措施，还需要加强和改进宁夏地方生态环境立法工作，依靠法制的普遍性、强制性和权威性来全面推进美丽宁夏建设。

（四）加强防灾减灾体系建设

建设美丽宁夏，保护生态环境，安全是底线，防灾减灾是重点。气温、洪水、雾霾、地震等与我们每个人的生活息息相关；农作物播种收获、农业病虫害监测、人工降雨、生态环境与农业生产紧密相连。应以气象、地震部门为核心，加强防灾减灾体系建设，建立以灾害预警为先导的社会相应机制，保障人民生命财产安全。

（五）构建多层次的生态环境监督体系

建立完善以各级政府为生态环境建设主体、以环境行政主管部门为归口管理责任主体、有关部门配合的生态环境监督体系。完善地方政府一把手生态环境建设的主体责任，对于不认真履行生态环境保护职责的政府官员，严格执行引咎追责制度。建立政府主导、企业主体、公众广泛参与的生态环境管理机制，推动企业环境信息公开，针对污染设施运行异常、涉嫌造假等问题依法处理和追责。加强公众环境意识和法律意识的培养和教育，提高公众参与生态环境保护和监督的自觉性和主动性，为全民参与美丽宁夏建设奠定基础。

美丽宁夏建设，关系人民福祉，关系宁夏发展未来，应切实增强责任感和使命感，动员各部门、全社会积极行动，形成部门和社会合力，深入持久推进生态文明建设，建设美好家园。

宁夏生态保护补偿机制研究

李晓明

实施生态保护补偿是调动各方积极性、保护好生态环境的重要手段，是生态文明制度建设的重要内容。为进一步健全生态保护补偿机制，2016年5月13日国务院办公厅印发了《关于健全生态保护补偿机制的意见》（国办发〔2016〕31号，以下简称《意见》）。《意见》指出，近年来生态保护补偿机制建设取得了阶段性进展，但生态保护补偿的范围仍然偏小、标准偏低，保护者和受益者良性互动的体制机制尚不完善，一定程度上影响了生态环境保护措施行动的成效，须进一步健全生态保护补偿机制。宁夏作为生态补偿的早期实践者，也存在上述问题，需在《意见》的指导要求下，建立稳定投入机制，完善重点生态区域补偿机制，推进横向生态保护补偿，健全配套制度体系，结合生态保护补偿推进精准脱贫，加快推进制度建设，打造西部地区生态文明建设先行区，建设美丽宁夏。十九大报告指出"严格保护耕地，扩大轮作休耕试点，健全耕地草原森林河流湖泊休养生息制度，建立市场化、多元化生态补偿机制。"本文结合宁夏实际，研究解决生态保护补偿机制建设中存在的问题，为完善宁夏生态保护补偿机制提供对策建议。

一、宁夏生态保护补偿实践

宁夏"十二五"期间，生态环境得到明显改善。坚持全面封山禁牧，实施生态建设与环境保护重大工程，截至 2015 年年底累计完成造林面积 685 万亩，治理沙化土地 250 万亩，全区森林覆盖率达到 13%。启动实施环境保护、大气污染防治、节能降耗和宁东基地环境保护 4 个行动计划，单位 GDP 能耗、单位 GDP 二氧化碳排放和化学需氧量、二氧化硫、氨氮、氮氧化物排放完成"十二五"目标任务。成为全国唯一省级节水型社会示范区①。2013 年 4 月，十二届全国人大常委会第二次会议审议《国务院关于生态补偿机制建设工作情况的报告》，要求出台建立健全生态补偿机制的意见。2015 年，中共中央、国务院印发的《关于加快推进生态文明建设的意见》《生态文明体制改革总体方案》，提出要加快形成受益者付费、保护者得到合理补偿的生态保护补偿机制。为进一步健全生态保护补偿机制，2016 年 5 月国务院办公厅印发了《关于健全生态保护补偿机制的意见》，旨在不断完善转移支付制度，探索建立多元化生态保护补偿机制，逐步扩大补偿范围，合理提高补偿标准，有效调动全社会参与生态环境保护的积极性，促进生态文明建设。在以上政策背景下，宁夏开展了领域广泛的生态保护补偿实践，初步形成了一些补偿机制。

（一）草原生态保护补助奖励机制

宁夏现有天然草原面积为 3665 万亩，占全区土地总面积的 47%，是宁夏生态系统的重要组成部分和黄河中游上段的重要生态保护屏障。天然草原以干草原和荒漠草原为主体，分别占草原总面积的 24% 和 55%，集中分布在中部干旱带的 10 个县（市、区）。全区天然草原可利用干草产量 199.4 万吨，理论总载畜量 218 万个单位。由于长期过度放牧、滥采、乱

---

①摘自宁夏回族自治区人民政府：《宁夏回族自治区国民经济和社会发展第十三个五年规划纲要》(宁政发〔2016〕30号)，2016 年 2 月 24 日。

挖、乱垦等不合理的经营生产活动，造成全区不同类型草原都不同程度地大面积退化沙化。发生中度退化的草原面积达 1998 万亩，占总面积的 54%，重度退化面积 1331 万亩，占 36%。在各类退化草原面积中，沙化面积大约为 25%。中部干旱带 2800 多万亩荒漠半荒漠草原和干草原，由于干旱少雨、植被稀疏、组成成分简单、土壤疏松等自然因素和过度放牧、乱垦乱挖、滥采药材薪柴等人为因素，造成这个地区草原大面积退化沙化，是国家环保局、中科院确定的我国沙尘暴源头之一。为尽快遏制天然草原继续恶化的局面，宁夏于 2003 年 5 月 1 日起在全区实行全面禁牧[①]。

2011 年 5 月，国家财政部、农业部联合宣布在内蒙古、新疆、西藏、青海、四川、甘肃、宁夏和云南 8 个主要草原牧区省（区）及新疆生产建设兵团，正式实施草原生态保护补助奖励机制政策。从 2011 年起，中央财政每年安排专项资金，用于禁牧补助、草畜平衡奖励、牧民生产性补贴和绩效考核奖励等方面。根据两部门公布的奖补机制，为保护草原生态，我国明确对生态环境非常恶劣、草场严重退化、不宜放牧的草原实行禁牧封育，中央财政按照每年每亩 6 元的测算标准对禁牧牧民给予禁牧补助。同时对禁牧区以外可利用草原实施草畜平衡奖励，中央财政按照每年每亩 1.5 元的测算标准对未超载的牧民给予草畜平衡奖励（见表 1）。

表 1　草原生态保护补助奖励项目及标准表

主体	项目	标准
中央财政	禁牧补助	每年每亩 6 元
	草畜平衡奖励	每年每亩 1.5 元
	牧草良种补贴	每年每亩 10 元
	牧民生产资料补贴	每年每户 500 元

---

①周玲：《宁夏地区生态补偿的理论依据及其机制浅析》，《中共银川市委党校学报》2015 年第 2 期，第 58—60 页。

这一机制还加大了对牧民的生产性补贴力度，明确为鼓励牧民转变传统生产方式，提高经营效益，中央财政按照每年每亩 10 元的标准给予牧草良种补贴；按照每年每户 500 元的标准对牧民生产用柴油、饲草料等生产资料给予补贴，降低牧民生产生活成本；在对肉牛和绵羊进行良种补贴基础上，进一步将山羊纳入畜牧良种补贴范围；并对工作突出、成效显著的省（区）给予绩效考核奖励。

（二）森林生态效益补偿机制

宁夏分别于 2004 年和 2005 年纳入国家重点公益林和地方森林生态效益补偿金制度（具体补偿标准见表 2），其中国家重点公益林补偿区域范围包括黄河干流、荒漠化和水土流失严重地区、国家级自然保护区，地方补偿区域范围为贺兰山东麓洪积扇、中部干旱地区、六盘山外围土石山区等区域。宁夏纳入森林生态效益补偿金制度的公益林面积已达 607.1 万亩，其中纳入国家级的 541.1 万亩，地方级的 66 万亩。森林生态效益补偿机制让使用森林生态效益变得"有偿"，使公益林的所有者和经营者得到相应的利益，更好地调动了他们管护和经营的积极性。同时，宁夏还鼓励公益林所有者和经营者发展"林下经济"，实现生态效益和经济效益双丰收。宁夏绝大部分土地分属干旱半干旱地区，三面环沙，是我国土地荒漠化最为严重的省区之一。目前，宁夏共有生态公益林面积 2903.9 万亩，其中国家公益林面积 1547.8 万亩，占全区林地面积 51.25%；地方公益林面积

表 2　　国家重点公益林和地方森林生态效益补偿金补偿标准

主体	范围	标准	项目
中央财政补偿基金	国家级国有公益林	每年每亩 5 元	管护补助支出 4.75 元
			公共管护支出 0.25 元
	国家级集体和个人公益林	每年每亩 10 元	管护补助支出 9.75 元
			公共管护支出 0.25 元
地方财政补偿基金	自治区级公益林	每年每亩 4.5 元	管护补助支出 4.25 元
			公共管护支出 0.25 元

1356.1 万亩，占全区林地面积 44.91%。

为进一步规范和加强森林生态效益补偿基金管理，提高资金使用效益，根据财政部、国家林业局《中央财政森林生态效益补偿基金管理办法》（财农〔2009〕381 号）、《自治区人民政府关于开展集体林权制度改革试点工作的意见》（宁政发〔2009〕102 号），结合宁夏实际，自治区财政厅、自治区林业局制定了《宁夏回族自治区森林生态效益补偿基金管理实施细则》（宁财（农）发〔2010〕507 号），明确规定了补偿的主体、范围、对象和标准等内容。

（三）矿产资源开发利用补偿机制

宁夏拥有丰富的矿产资源，区内的矿业及相关产业在全区国民经济中占有重要地位。宁夏由于自身矿业发展比较早，因此其也较早意识到对自身矿产资源保护的重要意义，因而宁夏从 1994 年开始征收矿产资源补偿费，虽然其与现在的矿产资源的生态补偿有所不同，但也是矿产资源生态补偿的雏形。宁夏首先进行矿山环境治理与恢复的生态补偿，为此设立了多个矿山地质环境治理项目，积极建立矿产资源生态补偿机制，为这些项目的实施提供必要的制度保障与资金支持，使得这些矿山环境恢复项目得以顺利实施并取得良好的效果。2009 年颁布的《矿产资源补偿费征收管理规定》，对如何缴税以及缴税比例做了比较详细的规定，并先后在吴忠市牛首山东麓砂石矿区、固原市三关口石灰岩矿区、中卫市永康镇杨家滩砂石矿区等进行矿产资源生态补偿试点，其中国家安排矿山地质环境治理项目补助资金 3510 万元，治理面积 779.93 公顷。同时，宁夏共实施矿产资源开发保护项目 21 个，使得周边的 10 个县市受益，为当地矿产资源生态补偿提供了充足的资金来源，也为当地生态环境的保护与治理提供了有效的保证[1]。

_____

① 张静著：《宁夏回族自治区生态补偿研究》，中央民族大学硕士学位论文，2012 年 4 月。

（四）易地扶贫搬迁——生态移民补偿机制

宁夏"十二五"期间，完成了对中南部地区居住在交通偏远、信息闭塞、生态失衡、干旱缺水、自然条件极为严酷、一方水土养活不了一方人的干旱山区、土石山区的 35 万人移民搬迁。"十三五"计划到 2018 年完成 8 万建档立卡贫困人口易地扶贫搬迁。实施生态移民、产业培育、基础设施建设、生态环境建设等六大扶贫攻坚工程，积极推进生态和社会经济发展的良性互动，构建有力支撑可持续发展的生态系统。在"十二五"期间，一方面，完成了对中南部生存条件极差的 91 个乡镇 684 个行政村的 35 万人实施移民搬迁，将迁出区移民退出的 300 万亩土地实施退耕还林、退牧还草和围栏封育等生态恢复保护工程，遏制当地生态环境的恶化；另一方面，加强非迁出区生态屏障建设和生态问题治理力度，在中部干旱带重点实施封山禁牧与草场封育，建设中部防沙治沙生态带和百万亩红枣防护林。在南部山区重点实施六盘山泾河、渭河、清水河水源保护工程，加快六盘山外围及南华山水源涵养林建设步伐。结合新农村建设和乡村生态文明建设，推动经济社会发展的生态化和生态建设经济化。

（五）山区退耕还林生态补偿机制

宁夏南部山区地处宁夏南部、我国黄土高原西北端，该地属于黄土高原向干旱风沙区的过渡地带，为我国北方农牧交错生态脆弱带的一部分，生态环境稳定性差。由于历史上的不合理开发，致使水资源匮乏，水土流失及沙漠化严重，生态环境遭到极大破坏。生态问题已严重影响该地区的社会经济发展。1999 年中央决定实施西部大开发，其中一项十分重要的任务是在西部生态恶劣的贫困山区大规模地退耕还林，进行生态工程建设。国家安排的退耕还林补助包括：种树造林补助费、粮食补助、现金补助。按照国家政策，宁南山区农民每年每亩退耕地可获得 160 元补偿款（100 千克粮食、90 元现金）。2007 年国家延长了退耕还林补助期限的政策。农民承包的耕地和宜林荒山荒地种植树木以后，承包期一律延长 50 年，由县级人民政府逐块登记造册，核发林木权属证明，允许依法继承、转让，到期后可按有关法律和法规继续承包。目前，工程的生态、经济和社会效益已初步显现。

二、宁夏生态保护补偿存在的问题

在推进生态补偿工作中，宁夏也相继出台了自然保护区、矿产资源开发生态补偿等方面的政策性文件。目前，宁夏生态补偿机制还存在着补偿范围不明确、补偿标准不科学、补偿模式比较单一、资金来源缺乏、政策法规体系建设滞后等问题。生态补偿政策，多为阶段性政策，以项目作为补偿方式，缺乏系统、稳定、持续、有序的法律保障和组织领导及资金渠道。

（一）生态保护补偿资金来源渠道比较单一

现有生态保护补偿资金主要依靠中央和地方财政转移支付，渠道比较单一。地方公共财政环境保护支出总额较小，资源税税收收入占比也较小，明显不足。

2016 年 8 月，宁夏资源税全面完成从价计征改革，确保每个税目在体现市场价值的前提下清费立税、合理负担税负，资源税税收收入实现了市场改革，更能体现资源的市场价值。

表 3　宁夏"十二五"公共财政收支中资源税税收收入及环境保护支出统计表

单位：万元

项目＼年份	2011	2012	2013	2014	2015
资源税税收收入	27446（9.2%）	40967（1.6%）	50023（1.6%）	54301（1.6%）	58619（1.7%）
环境保护支出	352253（5.0%）	353727（4.1%）	329285（3.6%）	345962（3.5%）	393983（3.4%）

国家财政参与社会产品分配所得的收入，是实现国家职能的财力保证，主要包括各项税收和非税收入（包括专项收入、行政事业性收费、罚

没收入和其他收入）。其中有资源税税收收入。国家财政将筹集起来的资金进行分配使用，以满足经济建设和各项事业的需要。其中，环境保护支出（见表3），就是财政支出项目之一。政府环境保护支出，包括环境保护管理事务支出、环境监测与检察支出、污染治理支出、自然生态保护支出、天然林保护工程支出、退耕还林支出、风沙荒漠治理支出、退牧还草支出、已垦草原退耕还草、能源节约利用、污染减排、可再生能源和资源综合利用等支出。从十二五时期的数据来看，环境保护支出数额不足，所占财政支出的比例很小，不足以保障生态补偿资金的充足。

（二）生态效益与经济收益不对称

在生态建设取得了显著成绩的同时，生态功能区地区没有得到相应的收益和补偿[①]。例如退耕还林实施以来的生态效益显著，起到了明显的保持水土和维持生物多样性的作用，但在经济社会效益方面，大多数乡镇依然贫困。例如禁牧政策实施以来，宁夏草地生态系统明显恢复，但与此同时，禁牧政策也给当地的特色产业畜牧业带来很大的冲击，并且对相关后续替代产业开发扶持投入不足。以退耕还林后的维护经营为例，退耕还林后，利用林地资源，发展林下经济，是农民脱贫致富的重要措施之一，但由于缺乏资金投入，无法开发利用，农民收益很少。按现行法律和法规，继林权可以流转转让，给一些"林业公司"或个人廉价收购林农的林权证然后去银行抵押贷款套取巨额资金带来了便利，造成林地资源成为一些别有用心的人套取资金的工具，损害了林农和国家利益。这凸显出生态补偿政策的不到位、补偿资金投入体系的不完善、监察管理办法的不健全。各自然保护区目前也面临着由于生态补偿资金缺乏，在管护设施、管护人员、科研宣教及社区建设等方面投入不足的现状，对保护区建设发展造成了不利影响，不能充分发挥其促进区域经济社会发展的作用。

---

① 李爱平著:《宁夏生态建设成效及健全生态补偿机制的对策》,《现代农业科技》2011 年第 19 期, 第 323—324 页。

（三）缺乏顶层设计，生态补偿政策没有系统指导

各部门援引中央政策，针对各自领域制定了一些领域的生态保护补偿政策，但与宁夏实际还有一些差距，缺乏适应性和系统性，没有自治区级层面的比较系统的开展生态补偿实践的指导性政策。生态补偿资金难以形成合力，难以集中力量办大事。

三、健全宁夏生态保护补偿机制的对策建议

生态文明建设功在当代，利在千秋。十九大报告指出，要"加快生态文明体制改革，建设美丽中国。"宁夏要按照"五位一体"总体布局和"四个全面"战略布局，坚持创新、协调、绿色、开放、共享发展理念，实施生态优先战略，加快建设美丽宁夏，按照"谁受益、谁补偿"的原则，发挥政府对生态环境保护的主导作用，将生态保护补偿与实施主体功能区规划、国家集中连片特困地区——六盘山片区扶贫攻坚等有机结合，把生态文明建设融入经济社会发展全过程，试点先行，稳步实施，探索建立多元化生态保护补偿机制，充分调动全社会参与生态环境保护的积极性，以生态环境保护助力供给侧结构性改革，健全生态保护机制、严守资源环境生态红线，全面推进污染防治。逐步实现森林、湿地、水流、耕地等重点领域和禁止开发区域、重点生态功能区等重点区域生态保护补偿全覆盖，补偿水平与经济社会发展状况相适应，基本形成符合区情的生态保护补偿制度体系，推进绿色发展，促进形成绿色生产方式和生活方式，加大生态系统保护力度，改革生态环境监管体制，打造西部地区生态文明建设先行区。

（一）顶层设计推进生态保护补偿机制建立，研究制定健全生态保护补偿机制的实施意见

实施生态补偿是生态文明制度建设的重要内容，要充分认识生态补偿的重要性。加快生态文明建设，必须加强生态补偿机制研究，推动生态保

护补偿机制建立健全。建议研究出台省级层面的生态保护补偿制度，组织多部门、多学科、多区域、多主体以"创新、协调、绿色、开放、共享"五大发展理念为引领，深入调研分析，梳理现行制度办法的成功经验和存在问题，总结生态补偿的技术难点，研究制定《宁夏健全生态保护补偿机制的实施意见》，确定重点任务，解决关键问题，探索建立多元化、市场化、动态化生态保护补偿机制，形成符合宁夏实际的生态保护补偿制度体系，以便调动全社会保护生态环境的积极性，促进生态保护补偿制度化、规范化、法制化，推动宁夏主体功能区战略的实施，促进欠发达地区贫困人口共享改革发展成果，推进转型升级、绿色发展，加快生态文明建设。

（二）建设重点区域生态补偿试验区，持续改善生态环境和群众生产生活条件

适时分批推进六盘山·清水河城镇产业带生态补偿试验区、易地扶贫搬迁生态补偿试验区、全境禁牧封育生态补偿试验区、中部干旱带节水农业生态补偿试验区等重点区域生态保护补偿试验区建设，对生态补偿进行总体规划，建立起整体性、功能性突出的生态补偿机制。以具有独特的地理位置和强大的生态系统以及涵养水源功能的六盘山重点生态功能区为例，基于国家和宁夏大力实施生态建设工程，水土流失得到有效遏制、林草植被大面积恢复，初步实现了生态环境由整体恶化局部治理，向整体遏制局部好转的根本性转变。但六盘山区生态承载力还很弱，水资源短缺、水土流失相对严重，生态保护与建设的任务还十分艰巨。建议启动六盘山·清水河城镇产业带生态补偿试验区建设，争取中央财政对建立重点生态功能区给予全额资金支持，开展与生态效益挂钩的生态功能区转移支付试点，全面实施宁夏六盘山重点生态功能区保护与清水河城镇产业带建设项目，进一步加大生态环境建设治理力度。另外，补偿资金可以用于移民易地安家补贴和转移就业培训补贴等，持续改善六盘山区、清水河产业带的生态环境和群众生产生活条件。

（三）创新生态补偿方式，提高补偿对象保护生态环境的积极性和责任感

要取得最佳的生态补偿效果，就要不断创新生态补偿方式。可以把生态补偿资金，分为货币化补偿、任务化补偿和项目化补偿等多种补偿方式。将补偿资金直接以"一卡通"方式直补给补偿对象，即货币化生态补偿方式；将补偿资金作为基础设施建设或生态保护任务的奖励，在补偿对象完成相应的建设任务后再兑现，即任务化生态补偿方式；将补偿资金直接以项目工程实施基金形式发放给工程项目实施主体，即项目化补偿方式。根据生态补偿资金的来源情况和生态环境保护及修复情况，可以逐步加大货币化生态补偿比例，实施货币补偿直接到人，提高补偿对象保护生态环境的积极性和责任感。对在贫困区开发水电、矿产资源占用集体土地的，试行给原住居民集体股权方式进行补偿。

（四）开展生态资源资产核算与价值评估，建立以生态资源资产为核心的新型绩效考评机制

摸清生态资源资产的家底，对生态资源资产进行核算与价值评估，将生态资源资产核算纳入国民经济统计核算体系，替代原有单纯的GDP考核指标，建立以生态资源资产为核心的新型绩效考评机制，构建综合考虑区域经济发展和生态资源资产状况的区域发展衡量指数。生态补偿机制是对重点生态功能区当地政府和人民群众因生态保护丧失发展机会或增加的发展成本给予合理的经济补偿。那么，如何算出生态资源资产的各项经济账并确立补偿的标准就成了实施生态补偿的关键一环，也是最为基础的一步。权责清晰并且有了科学的数据支撑，生态补偿工作的展开也就有了长久的动力支持。政府、科研机构可以联合开展"生态补偿长效机制研究"和"生态资产核算与生态文明制度设计"决策咨询项目，在充分讨论和实地调研基础上，明确生态保护与建设、农牧民生产生活条件改善、基本公共服务能力提升等方面的工作重点。

（五）培育易地扶贫搬迁后续产业，实现生态移民生计可持续稳定发展

探索建立生态补偿机制，必须以保障和改善民生为核心。生态移民易地扶贫搬迁后，放弃了原有的生产生活方式，接受国家的补偿资金，如果没有找到稳定的替代谋生方式，就会失去生态保护的积极性，甚至会影响到少数民族地区的团结稳定。建议将生态资源资产的生产经营变成其收入提高的另外一个来源，由原来单纯的农牧业生产者转变为农牧业和生态产品双生产者。同时，大力普及教育，培育生态农牧业和民族手工业，引导和鼓励农牧民自主创业和转产创业。将生态补偿实施与民生治理工程相结合，建立生态保护与脱贫致富有机统一的长效机制。

（六）拓展生态保护补偿资金来源渠道

建立多元投入机制，多渠道筹措资金。如积极争取国家补偿政策支持，完善市县(区)转移支付制度，鼓励受益地区与保护生态地区通过资金补偿、产业转移、共建园区等方式建立横向生态保护补偿关系。依靠市场机制，建立起谁污染谁补偿、谁使用谁付费的制度。强化升级企业"治理服务提供商"和"生态环境保护者"的角色，结合国家提倡的 PPP 模式，鼓励企业与政府合作，从投资、规划、设计、施工、运行、配套产品、监测等全产业链上参与生态环境的综合整治，尝试建立市场与政府"双轮驱动"，与第三方机构联合运作的机制。逐步将资源税征收范围扩展到占用各种自然生态空间，进一步完善各种资源税费的征收及使用管理办法，提高各项资源税费使用中用于生态补偿的比重，并向欠发达地区、重要生态功能区、水系源头地区和自然保护区倾斜。积极探索通过社会公众补偿、社会捐赠、发行生态建设债券和生态福利彩票、争取国际援助等多种途径筹集资金，逐步构建以国家和省级财政统筹为主，社会参与为补充的多层次、多渠道生态补偿机制。另外，还要探索运用森林碳汇、碳排放权交易、排污权交易、水权交易、生态产品服务标志等补偿方式，完善市场化补偿模式。

（七）建立生态环境监测网络，为生态保护提供技术数据支撑

随着生态文明建设的深入，生态环境监测、评估和预警工作在生态环境建设和保护中的基础及支撑作用愈发突出。建议成立宁夏生态环境遥感监测中心，建立全境生态环境监测网络，进一步加强环保部门职责、完善生态环境监测评估预警体系建设，通过远程视频监测系统，实时监测生态环境。生态环境遥感监测中心，可以承担国家重点生态功能区县域生态环境质量考核评价的技术监测等基础性工作，可以承担重大生态保护与建设工程成效评估和区域、流域生态环境质量的遥感监测工作、开展全区环境质量预测预警及变化趋势的综合评估、开展生态监测科学研究和国际国内生态环境监测交流合作，最终形成生态环境遥感动态监测技术评估体系，为生态环境变化的分析提供科学动态的数据支撑，为生态保护工程实施效果评估提供技术支持。

（八）生态补偿不能"一补了之"，要加强信息公开和制度建设与监管

一方面，要认真贯彻落实《中华人民共和国政府信息公开条例》和2015年政府信息公开工作要点，进一步拓展公开内容，创新公开形式，规范公开机制，落实保密审查，加大政策解读和热点回应力度，加大政策宣传力度，推进执行过程透明、公开、公平；另一方面，要让"一边享受生态补偿、一边破坏生态环境"的事不敢发生。制定和出台相关监督考核办法，对破坏生态环境、污染环境以及发生较大环境影响事件的，不配合政府开展社会建设和管理工作的人员，按照制定的具体考核裁量标准，停发或扣减相关责任人生态补偿资金；从细化法律法规入手，及时堵上现有法律漏洞，制定相关的约束规定，不断完善规范和制度建设，加强执法监督。

（九）完善耕地保护补偿制度

落实国家以绿色生态为导向的农业生态治理补贴制度，对在生态严重退化地区实施耕地轮作休耕的农民给予资金补助。启动新一轮退耕还林，逐步将25度以上坡耕地、15～25度重要水源地梯田及严重沙化耕地退出

基本农田，争取纳入国家退耕还林补助范围。落实国家鼓励引导农民施用有机肥料和低毒生物农药的补助政策。

（十）建立生态补偿动态调整机制

生态补偿标准过低或过高、补偿范围偏小或偏大，都会影响生态保护的效果和积极性。建立生态补偿范围和标准动态调整机制，结合生态资源资产核算与价值评估，分类分级动态调整补偿范围和标准。

自治区党委 人民政府
关于推进生态立区战略的实施意见

(2017 年 11 月 9 日)

为全面贯彻党的十九大精神，以习近平新时代中国特色社会主义思想为指导，落实自治区第十二次党代会生态立区战略部署，树立和践行绿水青山就是金山银山的理念，坚持节约资源和保护环境的基本国策，像对待生命一样对待生态环境，坚定走生产发展、生活富裕、生态良好的文明发展道路，加快构建科学适度有序的国土空间布局体系、绿色循环低碳发展的产业体系、约束和激励并举的生态文明制度体系、政府企业公众共治的绿色行动体系，确保到 2022 年西部地区生态文明先行区建设取得重大突破，给子孙后代留下天更蓝、地更绿、水更美、空气更清新的美好家园。现提出如下实施意见。

一、打造沿黄生态经济带

沿黄地区包括银川、石嘴山市全域，吴忠市利通区、青铜峡市，中卫市沙坡头区和中宁县，是宁夏经济社会发展的核心区。管好沿黄地区发展，是正确处理保护与开发关系的关键。要按照党的十九大报告提出推进绿色发展的要求，科学布局沿黄地区生产、生活、生态空间，全力打造生态优先、产城融合、人水和谐的沿黄生态经济带。

（一）推动形成绿色生产方式。

推动产业结构绿色转型。深入推进供给侧结构性改革，建立健全绿色低碳循环发展的经济体系。构建市场导向的绿色技术创新体系，加快淘汰落后产能、化解过剩产能，严禁产能过剩行业新增产能项目。逐步改变倚重倚能经济结构，鼓励企业采用高新技术、节能低碳环保技术和先进工艺，改造提升煤炭、电力、冶金、化工、建材等传统产业向高端化、绿色化发展。大力发展绿色新兴产业，加快培育壮大装备制造、现代纺织、信息技术、新能源、新材料等新兴产业。扶持发展高端铸造、数控机床、仪器仪表等优势产业，引领带动制造业高效清洁低碳发展。加快新型煤化工产业绿色发展。高标准、高水平建设宁东能源化基地，以生态企业创建推动宁东生态型工业园区建设，使之成为经济增长、结构调整、绿色发展示范园区。（责任单位：自治区经济和信息化委、发展改革委、科技厅、财政厅、环境保护厅、质监局，各市、县〈区〉，宁东管委会）

大力发展循环经济。推动园区循环发展，完善集中供气、供热、供水、污水处理回用、固危废处理处置等配套设施，促进企业间上下游衔接、副产物和废物交换、能量和废水梯级利用，使园区低成本、闭合式循环化发展。推动产业耦合发展，鼓励煤炭、煤化工、石油、电力、冶金等关联性强的重点产业发展循环产业链，打造产业集群。推动企业清洁生产，加强废水、废气、废渣和余热余压等循环再利用，提高企业就地消纳和转化能力。推进农业"种植—养殖—加工—销售"一体化生态循环发展。到 2020 年，创建 5 家以上国家级绿色示范园区，创建 10 家以上国家级绿色示范工厂。（责任单位：自治区发展改革委、经济和信息化委、环境保护厅、住房城乡建设厅、农牧厅，各市、县〈区〉，宁东管委会）

培育壮大节能环保产业。加大政策扶持和引导力度，完善政策和市场服务体系。大力发展资源综合利用、节能环保装备制造等节能环保产业、清洁生产产业、清洁能源产业，提升节能环保技术、装备和服务水平。推进细颗粒物和挥发性有机污染物治理、污水处理、垃圾处置、土壤修复、多污染物协同控制等新型技术研发和推广，大力发展第三方监测治理、特许经营等环保服务业，推动形成新型服务供给体系。（责任单位：自治区发展改革委、经济和信息化委、科技厅、财政厅、环境保护厅，各市、县〈区〉，宁东管委会）

严格产业项目准入。落实生态保护红线、环境质量底线、资源利用上线和环境准入负面清单约束管理，对不同主体功能区的产业项目实行差别化市场准入政策。制定优化发展、限制发展、禁止发展产业名录，杜绝新增高耗水、高耗能、高污染产业项目。推进工业园区整合，严格各类项目审批，坚持新建项目入园。开展沿黄生态经济带战略环评和银川都市圈规划环评，建立项目环评审批与规划环评、现有项目环境管理、区域环境质量、排污总量联动机制，实行固定污染源排污许可"一证式"管理。建立碳排放省级联席会议制度，与陕西、内蒙古等省区实现污染源互联共治。（责任单位：自治区发展改革委、经济和信息化委、国土资源厅、环境保护厅、水利厅、规划办，宁夏气象局，各市、县〈区〉，宁东管委会）

强化资源节约集约利用。严格能源、水资源、建设用地总量和强度双控管理。推进能源生产和消费革命，构建清洁低碳、安全高效的能源体系，推动重点领域节能，实施重点用能行业能效提升计划，推进合同能源管理。推进资源全面节约和循环利用，降低能耗、物耗，严格控制煤炭消费总量，推进煤炭高效清洁利用，新改扩建耗煤项目（除煤化工、火电）一律实施煤炭减量等量置换。建立工农业计划用水管理制度，推进综合水价改革，大力推广节水技术和产品，鼓励中水回用，五个地级市建成国家节水型城市。落实耕地占补平衡制度，实行建设用地定额指标管理，持续推进城镇园区低效土地再利用，全面清理处置闲置土地，提高土地集约节约利用水平。到 2020 年，全区能源消费总量控制在 6905 万吨标准煤以内，单位地区生产总值二氧化碳排放和能源消耗强度分别比 2015 年下降

17%和14%（扣除宁东煤化工项目影响），年用水总量控制在73.27亿立方米以内，单位GDP建设用地占用面积下降20%。（责任单位：自治区发展改革委、经济和信息化委、国土资源厅、环境保护厅、水利厅、商务厅、农牧厅、质监局，各市、县〈区〉，宁东管委会）

（二）倡导推行绿色生活方式。

培育生态优先意识和理念。深入开展生态文明宣传教育活动，把生态文明教育纳入国民教育和干部教育培训体系，从青少年抓起，从社区家庭抓起，从公共机构特别是党政机关抓起，营造良好社会氛围。广泛开展节约活动。倡导勤俭节约生活习惯，在全社会开展节约水、电、纸张、粮食等行动。培养绿色低碳行为。推动全民在衣、食、住、行等方面加快向绿色低碳、文明健康的方式转变，实现生产系统和生活系统循环链接。倡导简约适度、绿色低碳的生活方式，反对奢侈浪费和不合理消费，引导消费者购买节能环保低碳产品，优先发展公共交通，推广新能源汽车，促进城市绿道慢行系统建设，倡导绿色出行。构建全民参与行动体系。完善公众参与、信息公开、有奖举报等制度，支持生态文明建设领域各类社会组织健康发展，发挥民间团体和志愿者队伍积极作用，探索以社会共治促进生态环境治理的新模式，开展创建节约型机关、绿色家庭、绿色学校、绿色社区和绿色出行等行动，调动全社会积极参与生态文明建设，初步形成绿色出行和消费的生态自觉。（责任单位：自治区发展改革委、党委宣传部、经济和信息化委、财政厅、民政厅、教育厅、人力资源社会保障厅、环境保护厅、住房城乡建设厅、商务厅、交通运输厅、政府机关事务管理局，各市、县〈区〉，宁东管委会）

（三）加快建设绿色城乡。

推进城镇绿色化发展。坚持规划引领，严格管控城镇开发边界，合理确定发展规模和开发强度。科学开展城市设计，建设城市绿带空间、水循环廊道、清风廊道，提高城市通透性。提高城镇供水、供电、供气、供热、防涝排水垃圾固危废处理等基础设施配套水平，完成银川地下综合管廊、固原海绵城市国家试点，推进吴忠可再生能源示范城市建设。推进产城融合、职住平衡，提高城镇基础设施配套水平和基本公共服务保障水平。发展绿色建设，全面推广绿色建材，大力发展装配式建筑，新建建筑执行一星级以上绿色建筑标准。加强城市立体绿化，推进绿色生态城区建设。加快小微游园、街头绿地、社区公园和市民休闲森林公园建设，创建文明城市、生态园林城市、森林城市、环保模范城市。到 2020 年，绿色建筑比例达到 50% 以上，城市建成区绿地率达到 38.5%，城市生活污水处理率和生活垃圾无害化处理率均达到 95% 以上，城市中水回用率达到 25%以上。（责任单位：自治区住房城乡建设厅、发展改革委、财政厅、水利厅、交通运输厅、林业厅、规划办，宁夏气象局，各市、县〈区〉，宁东管委会）

加快美丽乡村建设。贯彻落实"乡村振兴"战略，开展以"百村示范、千村整治"工程为重点的农村人居环境整治行动，加快培育一批特色小镇。推动城镇基础设施和公共服务向农村延伸，推进城乡基础设施一体化建设。实施新一轮农村环境综合整治，开展农村垃圾、污水处理和改厕、改厨，推进燃气下乡，完善农村生活垃圾收运体系，全面推广"户分类、村收集、镇转运、县处理"模式。到 2020 年，创建 100 个以上农村人居环境示范村，完成 1000 个以上的行政村人居环境综合整治，建制镇和中心村生活污水处理率达到 70% 以上，90% 的村庄实现生活垃圾减量化、资源化、无害化治理，农村自来水普及率达到 85% 以上，燃气入户率达到30% 左右。（责任单位：自治区住房城乡建设厅、发展改革委、财政厅、环境保护厅、水利厅、农牧厅、卫生计生委、林业厅，各市、县〈区〉，宁东管委会）

二、实施山水林田湖草一体化生态保护和修复工程

按照党的十九大报告提出实施重要生态系统保护和修复重大工程的要求，统筹山水林田湖草系统治理，针对全区水土涵养、水土保持、防风防沙、生物多样性保护等生态类型分区、项目化推进治理，优化生态安全屏障功能，提升生态系统质量和稳定性，推动形成人与自然和谐发展的现代化建设新格局。

（四）开展母亲河保护行动。

以岸线管控和水质保护为重点，落实各级河长主体责任，强化河湖全域化、系统化、综合化保护和治理。划定市、县（区）水资源消耗总量和强度管控红线，建立水资源承载能力监测预警机制，加快建立生态流量保障制度，提高生态用水保障率。开展农业节水领跑、工业节水增效、城市节水普及、全民节水文明四大节水活动。抓好岸线水生态环境保护，加快推进生物边坡治理、湖泊湿地生态保护和修复、污染源截治、传输管控，实施沿黄湖泊水系连通工程，将黄河宁夏段打造成"水安全、水环境、水生态、水文化、水经济"五位一体的水生态廊道。深入推进国家和自治区级水生态文明城市建设试点，加强地下水监控管理，全面关停城市公共供水管网覆盖内有关停条件的企业自备井，完成超采区治理任务，做到总量控制、采补平衡。到 2020 年，全区高效节水灌溉面积达到 410 万亩，农业灌溉水利用系数提高至 0.55 以上，工业用水重复利用率达到 85% 以上，5 个地级市、70% 的县城建成节水型城市，湿地面积不低于 310 万亩，力争实现人均半亩湿地。（责任单位：自治区水利厅、经济和信息化委、国土资源厅、环境保护厅、住房城乡建设厅、农牧厅，各市、县〈区〉，宁东管委会）

（五）开展贺兰山六盘山罗山重点保护行动。

加强贺兰山生态保护和修复。全面完成贺兰山自然保护区综合整治，

依法拆除清理保护区内人类活动点，一律停止矿产资源开采行为和建设项目审批，严厉打击偷采盗运等违法行为；加快采煤沉陷区、破损矿山地质环境整治，推进非煤矿山生态修复；保护好贺兰山天然林和东麓葡萄原产地长廊生态系统，带动北部平原绿洲生态系统建设。（责任单位：自治区林业厅、财政厅、国土资源厅、环境保护厅、葡萄产业发展局，宁夏气象局，各市、县〈区〉）

加强六盘山生态保护和修复。实施六盘山三河源水源涵养、小流域水土流失综合治理和生态文明建设气象保障等工程；加强封坡育草、封山育林、荒山造林、补植补造，禁止毁林毁草开荒，提高水源涵养水平；加快生态移民迁出区生态修复，强化安置区生态保护，带动南部黄土丘陵水土保持区绿岛生态建设。（责任单位：自治区林业厅、财政厅、国土资源厅、环境保护厅、水利厅、农牧厅，宁夏气象局，各市、县〈区〉）

加强罗山生态保护和修复。继续实施禁牧封育，加强沙化土地封禁保护区建设和管理。加强防沙治沙对外交流合作，推进灵武市、盐池县、同心县、沙坡头区四个防沙治沙示范县建设，宁夏全国防沙治沙综合示范区取得明显成果，全力构筑北方防沙带，带动中部荒漠草原防沙治沙区生态系统建设。（责任单位：自治区林业厅、财政厅、国土资源厅、环境保护厅、水利厅、农牧厅，各市、县〈区〉，宁东管委会）

（六）开展新一轮国土绿化行动。

完善天然林保护制度，加快全域造林绿化步伐，统筹推进荒山荒漠、平原绿洲、城乡通道、河湖沟渠造林绿化，构建生态廊道。实施六盘山重点生态功能区降水量400毫米以上区域和南华山区域造林绿化、引黄灌区农田绿网提升、固原百万亩规模化林场建设、同心红寺堡生态经济林示范工程，完成新造林及改造提升387万亩。统筹推进银川、石嘴山、吴忠和宁东造林绿化，美化绿化银川都市圈。实施通道绿化工程，重点在铁路、公路和主要沟渠两侧建设大网格、宽幅林带，全面绿化通道沿线裸露土地。开展全民植树造林活动，创建园林式社区、园区、企业和单位，建设绿色家园。实施好林业国际援助项目。争取国家支持，推进新一轮退耕还林还草，落实基本草原保护制度，实施草原生态保护工程，有效保护草地生态系统，加强草原补播、人工饲草地建设，改良天然草场，防止草原退化和土地沙化。到 2020 年，森林面积达到 1231 万亩，草原面积保持在 2600 万亩，人工种草面积达到 1000 万亩，天然草原改良面积达到 800 万亩，全区森林覆盖率达到 15.8%，草原综合植被覆盖度达到 56.5%，努力实现人均 2 亩林、4 亩草。（责任单位：自治区林业厅、财政厅、住房城乡建设厅、农牧厅、交通运输厅，各市、县〈区〉，宁东管委会）

（七）开展自然保护区整治绿盾行动。

坚持问题导向，深入排查全区 14 个自然保护区存在的问题，全面取缔保护区违法建设项目，全面解决保护区矿产资源开发等历史遗留问题，全面禁止一切与保护无关的开发建设活动，全面落实各项生态修复措施。确保自然保护区核心区、缓冲区违法建设项目零存在，实验区人类活动符合要求，实现自然保护区土地权属明确、边界清晰、功能区科学合理、管理规范。推进自然保护区及保护地规范化建设和监管，建设远程监控系统、野生生物保护设施、科研监测设施、信息平台及数据库，构建生物多样性保护网络。建设生物遗传资源库，保护生物多样性。用 3 年左右时间，全面提升自然保护区生态系统稳定性和生态服务功能。（责任单位：自治区林业厅、国土资源厅、环境保护厅、农牧厅，各市、县〈区〉，宁东管委会）

（八）开展农田保护和荒漠化治理行动。

严格保护耕地，加大退化、污染、损毁、废弃农田改良和修复力度，推进中低产田改造和高标准农田建设，推行耕地轮作休耕，扩大轮作休耕试点，实施坡耕地水土流失综合治理，提高耕地质量和农田生态功能；全力推进土地荒漠化治理，重点保护好沙区原生植被；启动银川以南盐碱地农艺改良工程，完成银北地区百万亩盐碱地农艺改良，治理土壤盐渍化。健全耕地草原河流湖泊休养生息制度。到 2020 年，完成荒漠化治理 450 万亩，新增水土流失治理面积 4000 平方公里，新增高标准农田 478 万亩，累计完成生态移民迁出区耕地休耕 287.1 万亩，全区试点轮作 200 万亩。（责任单位：自治区农牧厅、国土资源厅、环境保护厅、水利厅、林业厅，各市、县〈区〉，宁东管委会）

三、打好环境污染防治攻坚战

按照党的十九大报告提出打好污染防治攻坚战的要求，坚持全民共治，源头防治，铁腕整治环境污染。利用 3 年至 5 年时间，基本解决大气、水、土壤环境突出问题，环境空气质量优良天数比例达到 80%，地表水国控断面Ⅲ类及以上水质比例达到 73.3%，受污染耕地安全利用率达到 98% 以上，污染地块安全利用率不低于 90%。实现生态环境质量总体改善，环境空气质量和黄河宁夏段水环境质量控制在国家下达的指标以内，消除重污染天气和劣 V 类水体。

（九）实施蓝天行动。

强化燃煤污染治理。加快城市燃煤锅炉拆除整治，2018 年年底前，完成银川市"东热西送"供热工程，银川市城市建成区基本淘汰燃煤锅炉，其他市、县城市建成区全部淘汰 20 蒸吨/小时以下燃煤锅炉，保留的燃煤锅炉全部完成脱硫脱硝除尘改造。推行优质、低排放煤炭产品替代劣质煤机制，全面禁止劣质煤的销售，建设覆盖全区的洁净煤供应网络。在城市建成区划定高污染燃料禁燃区，供热供气管网覆盖地区禁止使用散煤，不能覆盖地区实施煤改电、煤改气清洁能源改造。推动工业园区余（废）热回收利用，实现集中供热（汽）和热电联产。2020 年，完成清洁取暖改造，原煤散烧全部清零。（责任单位：自治区环境保护厅、发展改革委、财政厅、住房城乡建设厅、质监局，各市、县〈区〉，宁东管委会）

强化烟尘污染治理。2018年，全区现役30万千瓦及以上公用燃煤发电机组、10万千瓦及以上自备燃煤发电机组全部完成超低排放改造，实现"小散乱污"企业清零。2020年，全区所有火电企业全部完成超低排放改造。加快钢铁、焦化、冶金、水泥等重点行业脱硫脱硝除尘提标改造，推进石油化工、煤化工等行业挥发性有机物监测及综合治理，全面治理城市餐饮油烟，严禁秸秆焚烧，推进秸秆资源化利用。（责任单位：自治区环境保护厅、财政厅、住房城乡建设厅、农牧厅，各市、县〈区〉，宁东管委会）

强化扬尘污染防治。严管严控道路运输、建筑工地施工和矿采区扬尘，实行工业企业堆场规范化全封闭管理，推进标准化绿色工地建设，全面消除城市建成区裸露地面。全面建立道路"深度机械洗扫＋人工即时保洁"清扫模式，地级城市主要街道全部实现机械化清扫，县级以上城市实现"以克论净"精细化管理。（责任单位：自治区住房城乡建设厅、财政厅、国土资源厅、环境保护厅，各市、县〈区〉，宁东管委会）

强化机动车污染整治。全面完成黄标车和老旧车辆淘汰任务，鼓励老旧工程机械、农用机械等非道路移动机械提前报废。规范机动车排污管理，通过联合执法、定期检验、遥测、抽测整治机动车超标排污。加强油品质量管理，推广供应国家最新排放标准车用汽柴油。研究出台鼓励购买使用新能源汽车的政策机制。到2020年，实现车用柴油、普通柴油并轨，柴油车、非道路移动机械均统一使用相同标准的柴油。（责任单位：自治区公安厅、财政厅、环境保护厅、商务厅、农牧厅、质监局，各市、县〈区〉，宁东管委会）

强化空气异味综合整治。严格执行恶臭污染物排放标准，加强污水处理设施、垃圾填埋场、污泥处置设施环境监管。在银川、石嘴山等重点地区开展空气异味综合整治专项行动，重点对永宁、贺兰等县区的医药、生物发酵、农药、染料中间体等行业企业实行异味全过程管控，对异味污染突出、群众反映强烈的限期、限产整改，严格按照中央环境保护督察反馈意见整改时限要求关停治理效果不明显的企业。（责任单位：自治区环境保护厅、经济和信息化委、财政厅、住房城乡建设厅，各市、县〈区〉，宁东管委会）

强化重污染天气应对。实行重污染天气应对属地党政主要领导负责制，进一步强化部门及企业的应急责任，建立统一监测、统一预警、统一防治的联防联控体系，实行限排、限产、停产、交通管制等应急减排措施，实现主要污染物协同控制、污染源综合治理，打赢蓝天保卫战。（责任单位：自治区环境保护厅、经济和信息化委、财政厅、公安厅、住房城乡建设厅、宁夏气象局，各市、县〈区〉，宁东管委会）

（十）实施碧水行动。

加快水环境污染防治。全面取缔直接入河湖工业企业排污口，完成渝河、葫芦河、清水河、泾河、茹河生态综合治理工程。2018年年底前，完成13条重点入黄排水沟人工湿地建设，基本达到Ⅳ类水质。到2020年，黄河干流宁夏段Ⅲ类水体比例保持在100%。（责任单位：自治区环境保护厅、财政厅、水利厅、住房城乡建设厅，各市、县〈区〉，宁东管委会）

强化城镇污水处理。加快城镇污水处理设施扩容提标改造，实现所有城镇建成区生活污水全部收集处理，所有工业园区建成污水处理厂，所有污水处理厂全部实现一级A排放。落实控源截污、垃圾清理、清淤疏浚、生态修复、疏通水系等综合措施，有效治理城市黑臭水体。到2020年，5个地级市城市建成区基本消除黑臭水体。到2022年，县级城市建成区基本消除黑臭水体。（责任单位：自治区住房城乡建设厅、发展改革委、财政厅、水利厅、环境保护厅，各市、县〈区〉，宁东管委会）

构建城乡饮用水安全保障体系。依法划定水源地保护区，开展城市供水水源地安全保障达标建设和环境保护规范化建设，取缔饮用水保护区内违法建筑和排污口。实施城市应急水源建设，对存在安全隐患的城市供水水源地进行替换。实施农村集中饮水巩固提升和提质改造工程，确保取水口、供水管网、水龙头水质"三达标"。（责任单位：自治区住房城乡建设厅、财政厅、水利厅、环境保护厅、卫生计生委，各市、县〈区〉，宁东管委会）

（十一）实施净土行动。

深化土壤污染防治。完成土壤污染状况详查，建设土壤环境质量监控网络，强化未污染土壤保护，实施污染土地治理和修复。划定农用地土壤环境质量类别，进行分类管理，建立原工业用地转为农业生活开发利用土地调查评估制度。加强矿山、油田等矿产资源开采活动影响区域内未利用地的环境监管。推广垃圾焚烧发电等处理模式，建成五市生活垃圾焚烧处理设施，推行垃圾分类投放收集，推进生活垃圾、餐厨垃圾、建筑垃圾资源化利用，健全再生资源回收利用体系。（责任单位：自治区环境保护厅、国土资源厅、住房城乡建设厅、农牧厅，各市、县〈区〉，宁东管委会）

推进工业固体废物综合利用。重点培育煤矸石、粉煤灰、脱硫石膏、电石渣等工业固体废物综合利用产业。加大历史堆存的工业固体废物无害化处置力度，统筹规划工业园区固体废物集中处置能力建设，加强渣场等堆存场所基础设施建设。支持固体废物综合利用应用技术研究和产业化，构建宁东煤—电、煤—煤化工、煤—电—高载能产业固体废物循环利用体系。到2020年，工业固体废物综合利用率达到73%。（责任单位：自治区经济和信息化委、发展改革委、财政厅、环境保护厅，各市、县〈区〉，宁东管委会）

严控农业面源污染。推动化肥和农药使用量实现负增长，探索建立农膜和废旧塑料回收利用机制，加快规模养殖场粪污处理设施装备配套，推进畜禽养殖废弃物资源化利用。到2020年，全区化肥使用量不超过105万吨/年，农药使用量不超过2800吨/年，残膜回收率达到85%以上，畜禽粪污综合利用率达到90%以上。（责任单位：自治区农牧厅、环境保护

厅，各市、县〈区〉，宁东管委会）

四、推进生态文明体制机制改革

按照党的十九大报告提出加快生态文明体制改革的要求，建立和完善生态文明体制机制，形成源头预防、过程严管、损害赔偿、责任追究的生态文明制度体系，探索建设西部生态脆弱区生态环境科学管理新模式。

（十二）改革生态环境保护体制。

按照山水林田湖草系统治理要求，推进统一履行自然资源与生态环境保护管理职责体制改革，进行综合管理、统一监管和行政执法，设立国有自然资源资产管理和自然生态监管机构，完善生态环境管理制度，统一行使全民所有自然资源资产所有者职责，统一行使所有国土空间用途管制和生态保护修复职责，统一行使监管城乡各类污染排放和行政执法职责。完成环境保护机构监测监察执法垂直管理改革，健全县级环境保护机构，乡镇（街道）、开发区、工业园区设立环境保护机构或明确承担环境保护职责的具体部门。（责任单位：自治区编办、党委组织部、发展改革委、人力资源社会保障厅、国土资源厅、环境保护厅，各市、县〈区〉，宁东管委会）

（十三）健全生态环境保护决策机制。

完善生态环境保护决策公众参与、专家论证、风险评估、合法性审查、集体讨论决定、社会监督等制度，明确生态环境保护决策主体、事项、权限、程序和责任，约束决策行为。建立决策实施跟踪制度，全面评估决策执行对生态环境的影响。（责任单位：自治区环境保护厅、发展改革委、经济和信息化委、政府法制办，宁夏气象局，各市、县〈区〉，宁东管委会）

（十四）健全政绩考核和责任追究机制。

建立领导干部任期生态文明建设责任制，落实生态环境保护"党政同责、一岗双责"。完善生态文明建设政绩考核办法，强化政绩考核中生态保护、环境质量等指标约束，对区域环境质量恶化、出现重大生态破坏事件的实行"一票否决"。根据区域主体功能定位，实行差异化考核。编制自然资源资产负债表，对地方各级党委、政府主要领导干部实行自然资源资产和环境责任离任审计。健全决策绩效评估、决策过错认定、问题线索移送等领导干部生态环境损害责任终身追究配套制度，对造成生态环境和资源严重破坏的实行终身追责。（责任单位：自治区党委组织部、纪委、考核办、发展改革委、环境保护厅、审计厅、统计局，各市、县〈区〉，宁东管委会）

（十五）健全绿色投入和激励机制。

发展绿色金融，完善绿色发展长效投入机制，加大财政、价格、金融等方面的政策支持，建立生态立区资金投入持续增长机制。完善水、电、气阶梯价格制度，深化矿产资源权益金制度改革，按照国家政策确定矿业权占用费标准。探索设立自治区政府绿色发展投资基金，强化政府与社会资本合作，发挥环境保护产业基金和国土绿化基金带动示范作用，撬动社会资本支持重大生态环境保护工程建设和产业发展，促进生态建设和污染治理投资主体多元化和市场化、社会化运作，规模化、专业化、集约化经营。（责任单位：自治区财政厅、发展改革委、国土资源厅、环境保护厅、物价局、金融工作局，宁夏国税局、银监局，各市、县〈区〉，宁东管委会）

（十六）健全生态建设和环境治理市场体系。

引导金融机构开发绿色信贷、保险、证券、担保、基金等产品和服务，争取绿色金融改革试点和政策性银行贷款对绿色生态项目的支持。探索排污权抵押等融资模式，建立完善环境信用体系，推进环境污染强制责任保险、排污权有偿使用和交易、碳排放权交易。探索建立能源消耗量、煤炭消费量、节能量水权等交易制度，实施环境保护税法，落实节能环保、新能源、再生资源、生态建设和环境友好型企业税收优惠政策。建立排污者依法纳税、第三方治理与排污许可证制度有机结合的污染治理新机制。（责任单位：自治区环境保护厅、发展改革委、财政厅、林业厅、金融工作局，宁夏银监局、保监局，各市、县〈区〉，宁东管委会）

（十七）健全生态保护补偿制度。

强化财政资金的统筹整合，加大对生态保护红线的投入力度。建立市场化、多元化生态补偿机制，健全全区流域上下游横向生态保护补偿体系，引导流域上下游市级政府间实施补偿。到2020年，实现以生态保护红线为重点的森林、草原、湿地、荒漠、河流、耕地等生态保护补偿全覆盖。（责任单位：自治区财政厅、发展改革委、国土资源厅、环境保护厅、水利厅、农牧厅、林业厅，各市、县〈区〉，宁东管委会）

（十八）健全生态环境损害赔偿制度。

制定生态环境损害赔偿实施办法，明确生态环境损害赔偿范围、责任主体、索赔主体和损害赔偿解决途径。完善鉴定评估管理、技术支撑、资金保障体系和运行保障机制，规范生态环境损害鉴定评估、赔偿诉讼和赔偿资金管理。形成责任明确、途径畅通、技术规范、保障有力、赔偿到位、修复有效的生态环境损害赔偿制度体系。（责任单位：自治区环境保护厅、财政厅、司法厅、国土资源厅、水利厅、农牧厅、林业厅，各市、县〈区〉，宁东管委会）

五、加强生态环境保护管控和督查

按照党的十九大报告提出实行最严格生态环境保护制度的要求，加大空间规划管控、立法管控、风险管控力度，落实党政领导责任、部门监管责任、企业主体责任，充分发挥社会监督作用，加大督察问责、监管处罚力度，保障生态立区战略顺利实施。

（十九）加强空间规划管控。

完成生态保护红线、永久基本农田、城镇开发边界三条控制线划定工作，完成生态保护红线勘界定标和自然资源统一确权登记，建立实施"三区三线"分类管控、开发强度管控和责任分级管控制度，开展生态保护红线内土地权属和人类活动调查，制定综合整治修复和实施保护规划，实行差异化的资源消耗、土地利用和生态保护等政策，明确征占用生态用地禁限目录，严禁不符合主体功能定位的新增开发建设项目进入生态保护红线，开展生态保护红线评估考核，引导人口、生产力布局向沿黄生态经济带和银川都市圈集中，形成定位清晰、功能互补、集聚开发、分类保护的国土空间开发格局。到 2020 年，国土空间开发强度不高于 6.57%。（责任单位：自治区规划办、环境保护厅、发展改革委、国土资源厅、住房城乡建设厅、水利厅、农牧厅、林业厅，宁夏气象局，各市、县〈区〉，宁东管委会）

（二十）加强环境立法管控。

构建国土空间开发保护制度，完善主体功能区配套政策，建立以国家公园为主体的自然保护地体系。全面修订清理现行地方性法规和政府规章中与生态立区战略不相适应的内容，推进生态保护红线、大气、水、土壤环境保护地方立法，完善节约资源能源、生态补偿、湿地保护、生物多样性保护、气候等重点领域地方性法规和政府规章。实施能效和排污强度"领跑者"制度，建立能耗、水耗、地耗、污染物排放、环境质量等方面的标准体系，提高污染排放标准。制定促进绿色消费、低碳出行、生活垃圾分类回收等方面政策措施。（责任单位：自治区政府法制办、人大法工委、经济和信息化委、国土资源厅、环境保护厅、水利厅、林业厅，宁夏气象局，各市、县〈区〉，宁东管委会）

（二十一）加强环境风险管控。

强化区域开发、项目建设环境风险评估，定期开展环境风险隐患排查。严格控制沿黄生态经济带、生态功能区、黄河干支流、饮用水源地周边环境风险，建设宁东能源化工基地全过程环境风险管理示范区。科学布局生活垃圾处理、危险废物处置、废旧资源再生利用等设施和场所，加强医疗废物、危险化学品、重金属、废旧放射源等集中收集和专业化处置。完善自治区、市、县（区）、园区四级预警应急网络，建立分类管理、分级负责、属地管理为主的环境应急管理体系。加强环境、气象、地质等生态环境防灾、减灾能力建设。（责任单位：自治区环境保护厅、公安厅、住房城乡建设厅、水利厅、商务厅、卫生计生委、安监局，宁夏气象局，各市、县〈区〉，宁东管委会）

（二十二）强化党政督察。

健全环境保护督察组织机构，完善工作机制。围绕贯彻中央和自治区生态环境保护重大决策部署、履行生态环境保护责任、改善生态环境质量、解决突出环境问题等情况，对负有生态环境保护监督管理职责的部门和地方党委、政府开展督察。督察整改情况作为被督察单位领导班子和领导干部考核评价、领导干部任免的重要依据。（责任单位：自治区环境保护厅、纪委、党委组织部、编办、党委督查室，各市、县〈区〉，宁东管委会）

（二十三）强化执法监督。

建立领导干部干预生态环境保护执法登记制度。强化生态环境领域监管执法，加大对重大生态环境违法案件查办力度，做到违法必究，损害必罚。加强跨部门、跨区域的联合执法，强化生态环境保护行政执法与刑事司法衔接，推进公安、检察机关提前介入、指导调查，建设环保法庭，合力打击生态环境违法犯罪，保持生态环境执法高压态势。加强移动执法系统建设，强化网格化生态环境监管。2018年底前，重点行业企业、高架源全部安装自动在线监控设备，并与国家、自治区联网，实现"网眼监控"。（责任单位：自治区环境保护厅、高级法院、检察院、公安厅，各市、县

〈区〉，宁东管委会）

（二十四）强化社会监督。

构建政府为主导、企业为主体、社会组织和公众共同参与的环境治理体系，完善生态环境信息定期通报和突发环境事件信息发布制度，及时准确发布生态环境保护信息，保障公众知情权。健全环保信用评价、信息强制性披露、严惩重罚等制度，将企业环境信用信息纳入征信体系，定期向社会公布，推动实施联合惩戒、联合激励。利用主流媒体宣传生态立区战略实施先进典型，公开曝光损害生态环境的违法行为。充分发挥微博、微信等新媒体优势，做好线下舆情处置和线上舆论引导工作。有序引导公众参与建设项目立项、实施、后评价，鼓励群众监督举报损害生态环境的行为。（责任单位：自治区党委宣传部、环境保护厅、新闻出版广电局，人行银川中心支行，各市、县〈区〉，宁东管委会）

六、强化生态立区战略实施的组织保障

（二十五）加强组织领导。

成立自治区生态立区战略实施领导小组，统筹协调生态立区战略实施中的重大事项。人大、政协加强生态立区立法、执法检查和民主监督工作，纪检监察机关和审计部门加强对生态立区战略各项政策措施贯彻落实情况的监督检查和责任审计，强化工作作风，加大执纪问责力度，各有关部门（单位）要明确职责，密切配合，推动各项工作落实到位。（责任单位：自治区环境保护厅、发展改革委、考核办，各市、县〈区〉，宁东管委会）

（二十六）加强智力支撑。

加强生态文明建设的党政人才、专业技术人才、产业人才、基层实用人才队伍建设，将人才队伍建设纳入自治区人才规划，加大培养培训力度，打造生态立区战略实施的骨干力量。建立生态立区战略实施智库，健

全人才使用激励机制。加强生态环境保护科技创新，强化国际交流合作，引进吸收和开发利用国内外生态环境保护关键技术，推广一批能源节约、污染治理、生态修复新技术，突破一批资源综合利用、湖泊湿地污染防治、生物发酵行业异味污染治理核心技术。（责任单位：自治区科技厅、人力资源社会保障厅、财政厅、国土资源厅、环境保护厅、住房城乡建设厅、水利厅、农牧厅、林业厅，宁夏气象局，各市、县〈区〉，宁东管委会）

（二十七）加强资金保障。

加大财政投入，统筹整合专项资金，稳定增加生态环境保护建设资金。完善转移支付制度，明确生态环保领域主体责任，积极推广财政专项转移支付竞争性分配，强化资金使用的监督管理。建立区、市、县三级财政资金投入机制。统筹整合既有生态环保专项资金，集中财力支持重大项目、重点工程、重要改革顺利推进。加强对生态环境质量和水平的考核评价，创新污染治理激励政策，建立完善生态保护成效与资金分配挂钩的激励约束机制。（责任单位：自治区财政厅、发展改革委、经济和信息化委、环境保护厅、国土资源厅、住房城乡建设厅、水利厅、农牧厅、林业厅）

（二十八）加强能力建设。

建立生态保护红线监管和资源环境承载能力监测预警平台。优化完善全区生态环境监测点位，建成覆盖全区国土空间，涵盖大气、水体、土壤等生态环境要素及重点污染源的生态环境监测网络。沿黄生态经济带生态环境质量监测网络覆盖所有县区、工业园区和重点乡镇。普及智慧化执法监管平台，推进自动监控、卫星遥感、无人机等技术运用。加大应急装备和物资保障力度，提高生态环境风险防控和突发事件应急处置能力，加强人工增雨和防雹设施能力建设。（责任单位：自治区环境保护厅、财政厅、国土资源厅、住房城乡建设厅、水利厅、农牧厅、林业厅，宁夏气象局，各市、县〈区〉，宁东管委会）